中国科普大奖图书典藏书系

神奇的昆虫世界

王林瑶◎著

长江出版传媒 | 湖北科学技术出版社

图书在版编目（CIP）数据

神奇的昆虫世界 / 王林瑶著．— 武汉 ：湖北科学技术出版社，2012．12（2017．7重印）
（中国科普大奖图书典藏书系 / 叶永烈 刘嘉麒主编）
ISBN 978-7-5352-5392-7

Ⅰ．①神… Ⅱ．①王… Ⅲ．①昆虫学－普及读物
Ⅳ．①Q96-49

中国版本图书馆CIP数据核字（2012）第307322号

责任编辑：谭学军　　封面设计：戴 旻

出版发行：湖北科学技术出版社　　电话：027-87679468
地　　址：武汉市雄楚大街268号　　邮编：430070
（湖北出版文化城B座13-14层）
网　　址：http://www.hbstp.com.cn

印　　刷：武汉立信邦和彩色印刷有限公司　　邮编：430026

700×1000　1/16　　15印张　2插页　185千字
2013年1月第1版　　2017年7月第7次印刷
定价：24.00元

总　序

ZONGXU

我热烈祝贺"中国科普大奖图书典藏书系"的出版！"空谈误国，实干兴邦。"习近平同志在参观《复兴之路》展览时讲得多么深刻！本书系的出版，正是科普工作实干的具体体现。

科普工作是一项功在当代、利在千秋的重要事业。1953年，毛泽东同志视察中国科学院紫金山天文台时说："我们要多向群众介绍科学知识。"1988年，邓小平同志提出"科学技术是第一生产力"，而科学技术研究和科学技术普及是科学技术发展的双翼。1995年，江泽民同志提出在全国实施科教兴国的战略，而科普工作是科教兴国战略的一个重要组成部分。2003年，胡锦涛同志提出的科学发展观则既是科普工作的指导方针，又是科普工作的重要宣传内容；不是科学的发展，实质上就谈不上真正的可持续发展。

科普创作肩负着传播知识、激发兴趣、启迪智慧的重要责任。"科学求真，人文求善"，同时求美，优秀的科普作品不仅能带给人们真、善、美的阅读体验，还能引人深思，激发人们的求知欲、好奇心与创造力，从而提高个人乃至全民的科学文化素质。国民素质是第一国力。教育的宗旨，科普的目的，就是为了提高国民素质。只有全民的综合素质提高了，中国才有可能屹立于世界民族之林，才有可能实现习近平同志最近提出的中华民族的伟大复兴这个中国梦！

新中国成立以来，我国的科普事业经历了1949—1965年的创立与发展阶段；1966—1976年的中断与恢复阶段；1977—

1990 年的恢复与发展阶段;1990—1999 年的繁荣与进步阶段;2000 年至今的创新发展阶段。60 多年过去了,我国的科技水平已达到“可上九天揽月,可下五洋捉鳖”的地步,而伴随着我国社会主义事业日新月异的发展,我国的科普工作也早已是一派蒸蒸日上、欣欣向荣的景象,结出了累累硕果。同时,展望明天,科普工作如同科技工作,任务更加伟大、艰巨,前景更加辉煌、喜人。

“中国科普大奖图书典藏书系”正是在这 60 多年间,我国高水平原创科普作品的一次集中展示,书系中一部部不同时期、不同作者、不同题材、不同风格的优秀科普作品生动地反映出新中国成立以来中国科普创作走过的光辉历程。为了保证书系的高品位和高质量,编委会制定了严格的选编标准和原则:一、获得图书大奖的科普作品、科学文艺作品(包括科幻小说、科学小品、科学童话、科学诗歌、科学传记等);二、曾经产生很大影响、入选中小学教材的科普作家的作品;三、弘扬科学精神、普及科学知识、传播科学方法,时代精神与人文精神俱佳的优秀科普作品;四、每个作家只选编一部代表作。

在长长的书名和作者名单中,我看到了许多耳熟能详的名字,备感亲切。作者中有许多我国科技界、文化界、教育界的老前辈,其中有些已经过世;也有许多一直为科普事业辛勤耕耘的我的同事或同行;更有许多近年来在科普作品创作中取得突出成绩的后起之秀。在此,向他们致以崇高的敬意!

科普事业需要传承,需要发展,更需要开拓、创新!当今世界的科学技术在飞速发展、日新月异,人们的生活习惯和工作节奏也随着科学技术的进步在迅速变化。新的形势要求科普创作跟上时代的脚步,不断更新、创新。这就需要有更多的有志之士加入到科普创作的队伍中来,只有新的科普创作者不断涌现,新的优秀科普作品层出不穷,我国的科普事业才能继往开来,不断焕发出新的生命力,不断为推动科技发展、为提高国民素质做出更好、更多、更新的贡献。

“中国科普大奖图书典藏书系”承载着新中国成立60多年来科普创作的历史——历史是辉煌的，今天是美好的！未来是更加辉煌、更加美好的。我深信，我国社会各界有志之士一定会共同努力，把我国的科普事业推向新的高度，为全面建成小康社会和实现中华民族的伟大复兴做出我们应有的贡献！“会当凌绝顶，一览众山小”！

中国科学院院士

华中科技大学教授 杨叔子 二〇一二、九、廿八

目 录

五、昆虫的世代、发育、成长、语言

六、昆虫的行为

七、人类的大敌

八、利用昆虫为人类造福

九、昆虫家族中的“奇闻”轶事

十、异常虫情

引　子

在这五彩缤纷、奇妙无穷的大千世界里，生存着一群数量大、体型小，但却与人类有着千丝万缕关系的小生物，它们便是生有四翅六足的小动物——昆虫。

国槐尺蠖(huò)幼虫

昆虫的体型与其他动物相比较，可说是动物界中的小“弟弟”。别看昆虫都是些不起眼的小东西，可它们身体的外表却生长着各种各样的、起着感觉、观察、爬行、弹跳、捕捉、挖掘、飞翔、游泳等功能的附肢，身体内部更有着消化、神经、循环、呼吸、生殖等完整系统。真可谓身体虽小“五脏俱全”。在昆虫的发育发生过程中，还有

斑衣蜡蝉(chán)在寄主枝干上列队争艳

着各自种类的世代、变态、习性和对食物选择等规律。昆虫的许多经过长期适应和演化而形成的身体构造、行为与习性，在我们人类看来既奇巧精妙，又不可思议。它们以难以捉摸的生活方式与人类及其他动物共享着这个星球。它们的生存奥秘令人产生很大的兴趣。

樗（chū）蚕成虫

《奇妙的昆虫王国》这本小书将向少年朋友介绍一些昆虫的“生活趣事”，期望这些有趣的知识能启迪你们的观察和思考，从而去广泛地探索自然，去认识昆虫——我们的“小不点儿”朋友。

锈斑天牛

昆虫种类成千上万，形态千奇百怪，生物学习性千变万化。要正确地认识昆虫，除阅读一些适合于自己年龄的有关昆虫的书籍外，还要深入到昆虫生活的大自然中去，认真观察它们的模样（形态）、脾气（习性）和活动中的表现（行为）以及吃什么东西（食性）。如果能从这几个方面入手，再根据观察到的现象，用通俗的语言记录下来，久而久之，你就能跨入昆虫世界了。

“身穿绿袍、手握大刀”
捕食害虫的螳螂

例如，把一些昆虫按其形态、习性、体色、行为，分开来写成几句顺口溜，你就会比较容易认识它们。

前翅成鞘后翅藏，（形态）
头扁体黑色发亮。（体色）
自幼生来好玩粪，（习性）
夫妻推球为儿忙。（行为）
这就是蜣（qiāng）螂（láng），俗称屎壳郎。

东亚飞蝗的成虫

四四方方一座城，（行为）
里面驻养千万兵。（习性）
个个身穿黄衣裤，（体色）
不知哪是领袖哪是兵。（形态）
这就是蜜蜂。

正在产卵的东亚飞蝗及产在地下的卵块

身穿绿袍，（体色）
手握大刀。（形态）
专杀强盗，（习性）
保护禾苗。（行为）
这就是螳螂。

除此之外，还应对昆虫的身体结构有个全面而系统的了解，这样更有利于正确地记忆不同种类的昆虫。昆虫的身体外面都包裹着一层比较坚硬的表皮，我们称做体壁。这就是昆虫用来支撑身体的“骨头”，叫做外骨骼。昆虫的身体分为明显的头、胸、腹三大段。头上生有吃食物的嘴（口器）、用来识别物体的眼睛（复眼或单眼）和起着感觉作用的须须（触角）。头下面的一大段是胸部，一般分为三小节，即前胸、中胸和后胸。胸部是昆虫的运动中心，背面有两对翅，长在中胸上的叫前翅，长在后胸上的叫后翅；腹面有三对足，长在前胸上的叫前足，长在中胸上的叫中足，长在后胸上的叫后足。腹部是昆虫身体的最后一大段，前面与后胸相连接，是昆虫消化食物和繁殖后代的中心。一般说成虫的腹部由 10 个圆形环节组成，各节间由折叠起来的膜连接着，使之能自由伸缩；腹部两侧有用来进行呼吸的气门，末端有生殖器官，雄的叫交配器，雌的叫产卵器。掌握了昆虫的身体构造和形态、习性、行为之后，你再到花间草丛捉小虫子，就能很快分辨出它是哪类昆虫了。

在推粪球的屎壳螂（蜣螂）

一、简说昆虫的发迹史

大到人类,小到不“起眼”的昆虫,万物皆有其源。昆虫的由来虽然不是一般人所热衷于探讨的问题,但却是昆虫学家、地质学家、考古学家乃至历史学家都非常感兴趣的问题,因为它们与大地结构、生物进化、人文历史息息相关。

地球的存在至今分为无生代、始生代、原生代、古生代、中生代和新生代6个世代。昆虫是从古生代的泥盆纪开始出现的,距今已有3.5亿年。屈指算来,它们在地球上的出现比鸟类还要早近2亿年,因此,昆虫可称得上是地球上的老住户了。

由于昆虫的身躯是那样的渺小,在地球上出现得又是那么早,所遗留下来的佐证——化石又是那么稀少,要确切地刨根问底实为难度太大,但是历代科学家们还是凭着极为丰富的想象力和地壳中保存下来的化石,将其与现存于大自然中的相似活体(活化石)进行对照比较,提供了使人们可以相信的昆虫起源线索。人类在进步、科学在发展,自然界的变是绝对的,不变是相对的,世界上的任何事物都离不开这条客观规律。昆虫在地球上的发展史也是随着万物的变化、时间的延续和不断的演化、发展才被揭开的。

昆虫最早的祖先是在水中生活的,它的样子像蠕虫,也似蚯蚓,身体分为好多可活动的环节,前端环节上生有刚毛,运动时不断地向周围触摸着,起着感觉作用。在头和第一环节间的下方,有着像是用来取食的小孔。这种身躯构造简单的蠕虫形状的动物,便被认为是环形动物、钩足动物和节肢动物的共同祖先，而且更是昆虫的始祖了。

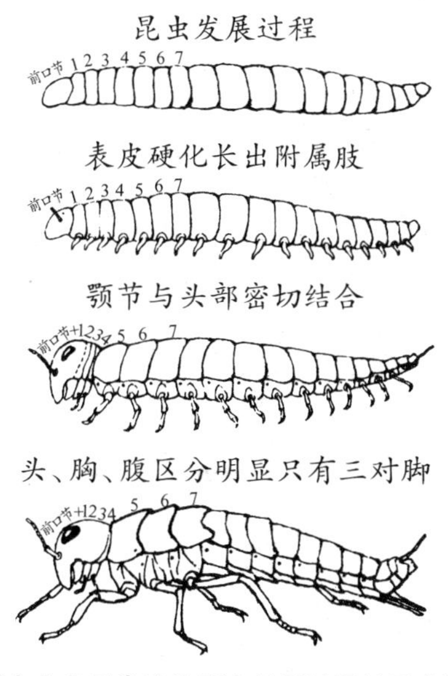

昆虫由多足类演化到六足型过程的示意图

随着时间的延伸，昆虫肢体功能演化，逐渐登上了陆地舞台。为了适应陆地生活，它们的身体构造发生着巨大变化，由原来的较多环形体节及附肢，演变成为具有头、胸、腹三大段的体态。这个演化过程大约经历了2亿至3亿年的漫长岁月，而且还以缓慢的步伐不停地继续演变下去。

早期的昆虫从小长到大都是一个模样，所不同的只是身体的节数在变化，性发育由不成熟到成熟。那时它们在身躯上没有明显的可用来飞翔的翅，原来的多条腹足也没有完全退化。后来有些种类的腹足演化成用来跳跃的器官；有些种类还保持着原来的体态，如现今被列为无翅亚纲中的弹尾目、原尾目及双尾目昆虫。随着时间的流逝，大约在泥盆纪末期，有些昆虫才由无翅演化到有翅。

在以后亿万年的漫长历史变迁中，有些种类的昆虫，由于不能适应冰川、洪水、干旱以及地壳移动等外界环境的剧烈变化，就在演变过程中被大自然所淘汰；也有些种类的昆虫，逐渐适应了环境，这就是延续到现在的昆虫。例如天空中飞翔的蜻蜓，仓库及厨房中常见的蟑螂，它们的模样就与数万年前的化石标本没有什么区别。

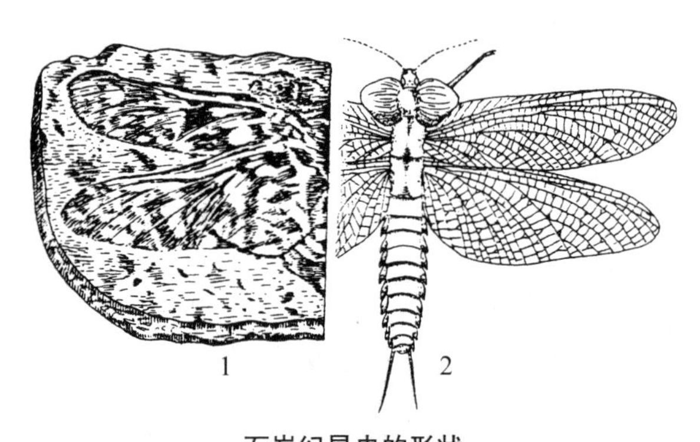

石炭纪昆虫的形状

1.化石标本　2.复原后的形状

大约在2.9亿年前，这是昆虫演变最快时期。在这段时间内，许多不同形状的昆虫相继出现，但大多数种类多属于渐进变态的不完全变态类型。在以后的世代中，又有些昆虫从幼期发育到成虫，无论从身体形状到发育过程都有着明显的变化，成为一生中要经过卵、幼虫、蛹、成虫四个不同发育阶段的完全变态类群。

为什么石炭纪成为昆虫的发轫期？这与当时的自然环境有着极为密切的关系。在多种复杂的关系中，与植物的关系最为密切，因为当时大多数种类的昆虫主要以植物为食。

石炭纪时期，大自然中的森林树木已是枝繁叶茂，郁郁葱葱，而且为植物提供水分的沼泽、湖泊又是那么星罗棋布，这就为植食性的昆虫提供了生存和加速繁衍的良机。但是这优越的生存环境并不十分平静，植食昆虫与植食性的大动物之间，以及以昆虫为食的其他动物之间，展开了一场生与死的激烈竞争，即使是体型小、貌不惊人的昆虫之间也不例外。

在这场求生的殊死搏斗中，并非体大、性猛的种类获胜，反而是许多体型小、食量少、繁殖力强，尤其是以植物为食的昆虫，获得了飞速发展的良机。

昆虫在地球上的生存与发展，并非一帆风顺，也曾经历过几次大的起伏。其中比较突出的一次大的毁灭性灾难，发生在距今2.3亿年至1.9亿年前的中生代。那时地球上的气候发生了突如其来的变化，生机勃勃的陆地由于干旱而变成不毛之地，森林绿洲只局限于湖泊岸边和沿海地区的小范围内，这就使植食性昆虫失去了赖以生存的食源。在此阶段的突变中，原来生活于水域中的部分爬行动物，由于水域的缩小而改变着水中的生活习性及身体结构，演变成了会飞的而且由植食性转变成以捕食昆虫为主的始祖鸟，这就使在森林、绿地间飞翔的部分有翅昆虫，失去了生存的领空。但是也有适应性极强的昆虫种类，它们仍然借助于自身的种种优势，顽强地延续着自己的种群。

特别值得一提的是，在此期间（大约在1.3亿年至0.65亿年前的白垩纪）地球上的近代植物群落的形成，特别是显花植物种类的增加，各种依靠花蜜生活的昆虫种类（如鳞翅目昆虫）以及捕食性昆虫（如螳螂目等昆虫）便与日俱增；随着哺乳动物及鸟类家族的兴旺，靠营体外寄生生活的食毛目、虱目、蚤目等昆虫也随之而生，这样便逐渐形成了五彩缤纷的昆虫世界。

二、昆虫在生物界中的位置

要知道昆虫在生物世界中的地位，首先要弄清什么是生物。简单地说，生存在地球上而且有生命力的、并且在适宜的生态环境下能不间断地繁衍后代而且能长期生存的物质，均可称为生物。现在已经认识的几百万种生物，是经过约40亿年来生物进化演变的结果。地球上的生物和它们拥有的遗传基因以及与环境构成的生态系统，便形成了从古至今千姿百态、五彩缤纷的生物世界。

由于生物种类很多，随着生物科学的不断发展，科学家们便按照各种生物体形上的特征、生物学特性上的不同来分类，从而决定其血缘远近构成的生物谱系。较早的生物谱系，是把有生命而且自身能够运动，并生长着特殊的取食器官来摄取包括其他动、植物以维持其生命的生物称为动物界；另一个大类群，虽然自身也有生命，但没有直接摄取其他物质的特殊器官，而只是利用光合作用来制造营养、维持生命，这类生物称为植物界。这种分类法把生物分成两大类，因而也被称作两界系统。

随着时间的延伸，科学的发展，对生物进化的认识不断提高。目前认为把生物分为两界的说法已经不够全面了。例如真菌虽然不营光合作用，但因其营固着生活，人们便将其归入植物界；大多数细菌虽也不营光合作用，人们只是根据其细胞外围有比较厚的细胞壁，也将其归在植物界内；特别是有些单细胞生物，如眼虫，它既有叶绿素营光合作用，像植物，又能行动和摄取食物而像动物，对这些的生物人们就很难简单地把它们归为上述两类中的哪一类了。又如病毒是最简单的生物,它的整个身体只有一种核酸且包着一层蛋白质外壳,不能独立活动,必须进入含有两种核酸的细胞内才能繁殖,对这样的生物人们就更难分辨其归属了,因此便产生了后来的三界系统(原生生物界、植物界和动物界)、四界系统(原核生物界、原生生物界、植物界和动物界)、五界系统(原核生物界、原生生物界、植物界、真菌界和动物界)和六界系统(原核生物界、原生生物界、植物界、真菌界、动物界和病毒界)的分类系统。

昆虫具备了动物界的分类条件,因此可认为是动物界的一员。由于动物界的成员也相当庞大,为了便于更细致而深入地研究和认识它们,人们在"界"下又增加了低一级的分类单位,称为"门"。动物界分为哪些门,主要是按照各类动物身体构造的繁或简、进化程度的高与低来区分的。由低等至高等动物界可分成 12 个门。

昆虫属于动物界 12 个门中的节肢动物门。这个门中包括有人们常见的水蚤、虾、蟹、蜘蛛、蝎子、蜈蚣、马陆等。这些小动物的名称多数都带有"虫"字旁,这是因为它们与昆虫的亲缘关系比较接近的缘故。属于节肢动物门的动物总共约有 70 万种,它们的相同特征是:体节分明,身体分为头、胸、腹三个部分,有关节的附肢为其行动器官,体外有称外骨骼的坚硬壳。

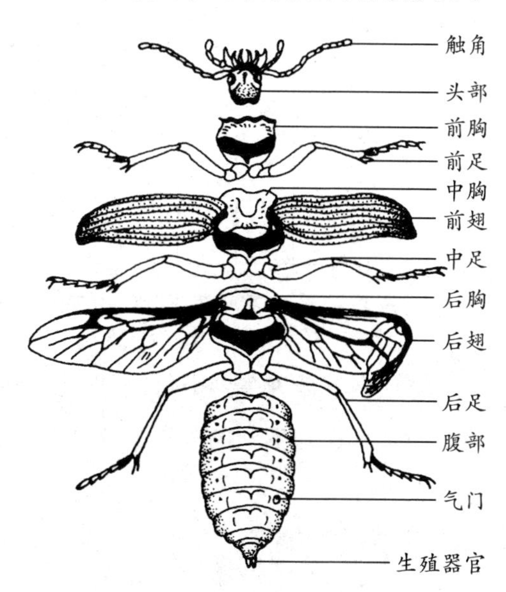

昆虫身体(步行虫)分段示意图

昆虫在演化过程中,发展成为有特殊呼吸气管的种类。在昆虫的一生中,当它从卵中孵化出来时,身体已由许多节组成,待发育到成年时,身体就明显地分为头、胸、腹三大段。头部具有用来取食的口器以及眼和触角;胸部有两对翅(有的种退化为一对)、三对足;腹部是消化、生殖和呼吸系统的所在。如果把昆虫身体上的这些明显可见的特殊构造归纳成形象化的四句话,那就是:身体分为头胸腹,两对翅膀三对足,头上一对感觉须,骨骼包在肉外头。这些也就是昆虫纲的特点的真实写照。

纲是动物分类系统的第三阶梯,也是昆虫与其他动物区分划出界线的一级。分类阶梯也就是人们常说的分类系统,由于以等级区分,好像登山的台阶,所以也叫分类阶梯。概括起来为七个字:界、门、纲、目、科、属、种。

由于昆虫是个大家族,种类复杂,七字分类阶梯已不适用了,于是在两个阶梯之间又增加了亚门、亚纲、亚目、亚科、亚属以至亚种的中间阶梯。在分类阶梯中种是生物排行榜上的最后一个座位,也可以说是其最根本的单元。

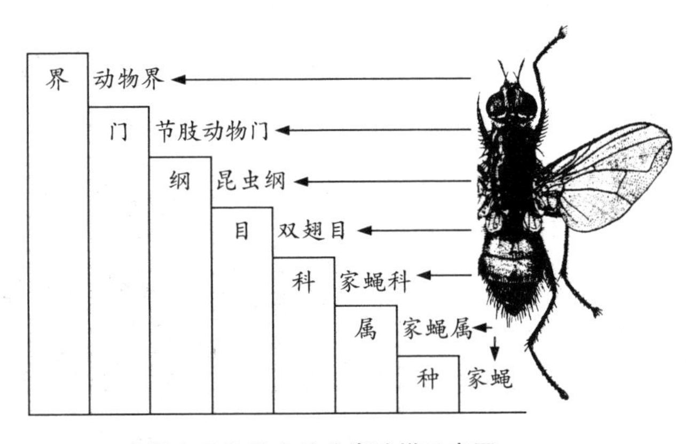

家蝇在动物界中的分类阶梯示意图

昆虫纲下分为多少个目,才更能反映具体情况和代表性特点呢?不同的分类学家有着不同的分法。这些分法中最少的分为20多个目;最多的分为34个目。

三、昆虫是个大家族

昆虫不但是地球上的老住户（约3.5亿年前已在地球上定居），而且是个大家族。如果将世界上的动物暂定为120万种，昆虫则占据着所有动物种类的80%。人们习惯称昆虫为“百万大军”，要按这个数推算，我国至少有昆虫种类15万～20万种，约占世界昆虫种类的15%～20%。

20世纪80年代，有的昆虫学家对巴西马瑙斯热带雨林中的树冠昆虫进行调查研究后认为，世界昆虫种类数量应为300万种，如果按此比例递增，我国昆虫种类应为45万～60万种，至少也不会低于25万～30万种。当然这些数字只是根据世界馆藏标本数量、历年新种递增统计以及按不同区域、不同生态环境、不同季节时间调查结果归纳总结后所得。随着科学研究的深入发展，交通工具的发达、畅通，调查工作的广泛深入，采集手段的改进以及统计、信息的准确性不断提高，相信昆虫种类较为准确的数字在不久的将来会展现于世人。

昆虫家族的成员的数量及类群特征按昆虫分类阶梯，以目为单元简述如下。

1. 无翅亚纲

本亚纲特点：体小、无翅、无变态。

（1）原尾目　已知62种。无眼、无触角、口器陷入头部，适用于钻刺取食，腹部12节。生活于湿地中的腐殖质及石块枯叶下，如原尾虫。1956年北京农业大学杨集昆先生在我国首次采到该昆虫。

（2）弹尾目　已知2 000余种，口器咀嚼式，内陷，缺复眼，腹部6节，第一、三、四节上有附肢，可弹跳。凡土壤、积水面、腐殖质间、草丛、树皮下均可见其踪迹，该目昆虫分布极广泛，常见的如跳虫。

（3）双尾目　现已知200种以上。口器咀嚼式，陷入头内，缺复眼，触角长；腹部11节，有腹足痕迹及尾须2根。生活在腐殖质多的土中，如双尾虫。

（4）缨尾目　已知约500种。体长被鳞，口器外露，腹部11节，有腹足遗迹及尾须3根。生活于室内衣物及书籍中，也有的生活于石壁、朽木及腐殖质堆内，还有的寄居于蚁巢中。常见种有衣鱼、石衲等。

2. 有翅亚纲

本亚纲特点：体大，有翅（或退化）、有变态。

（5）蜉蝣目　已知约1 270种。口器退化（成虫），触角短刺形，前翅膜质，脉纹网状，后翅小或消失。幼虫生活于水中，成虫命短，成语中的“朝生暮死”即指此虫短暂的一生，如蜉蝣的一生。

（6）蜻蜓目　已知约4 500种。头大而灵活，口器咀嚼式，触角刚毛状（鬃状）；胸部发达、倾斜，腹部长而狭；脉纹网状，小室多。为捕食性；幼虫水生，如蜻蜓。

（7）襀（jī）翅目　已知600～700余种。头宽大，口器退化，触角长丝状；前翅膜质喜平叠于腹背，后翅臀角发达。幼期生活于水中，肉、植兼食，如石蝇。

（8）足丝蚁目　已知约135种。头扁，活动自如，咀嚼式口器，复眼发达，缺单眼；胸部发达，前足第1跗节膨大，有丝腺体。生活于热带某些植物的皮下，营网状巢，如丝足蚁。

(9)蛩(qióng)蠊(lián)目　不超过10种。体细长，咀嚼式口器，触角丝状，复眼小，缺单眼，尾须长，雄虫有腹刺。生活于高山，如蛩蠊。我国于1986年在吉林省长白山天池由中国科学院动物研究所王书永采到且首次记录。

(10)竹节虫目　已知约2 000种。体细长或扁宽，似竹枝或阔叶片；头小，咀嚼式口器，触角丝状，复眼小，翅或存或缺。有假死性，常作为拟态类昆虫代表种，如竹节虫。

(11)蜚(fěi)蠊目　约2 250余种。体扁，头小而斜，咀嚼式口器，触角长丝状，眼发达；前胸宽大如盾，前、后翅发达，也有缺翅种类。以腐殖质为食，多食性，生活于村舍、荒野及浅山间，如蜚蠊。

(12)螳螂目　已知约1 550余种。头三角形，极度灵活，口器咀嚼式，肉食性，触角丝状；前胸长，前足为捕捉足，中、后足细长善爬行。卵成块状，称螵(piāo)蛸(xiāo)，为中药材。常见种有螳螂等。

(13)等翅目　已知约1 600种。咀嚼式口器，触角念珠状，多形态昆虫，营社会生活；翅狭长能脱落。同巢中有蚁后、兵蚁、工蚁组成大群体。本目昆虫多为木材及堤坝的大害虫，如白蚁。

(14)革翅目　已知约1 050种。体长，咀嚼式口器，触角鞭状；前翅短，革质；后翅腹质，扇形，翅膀放射状；尾须演化成较坚硬的铗，故又名耳夹子虫。多食性，喜腐殖质较多的环境，有筑巢育儿习性，是群集性昆虫中的代表种，如蠼(qú)螋(sōu)。

(15)重舌目　目前仅知2种。我国尚未采到标本。体小而扁(仅8～10毫米)，咀嚼式口器，触角短小；前胸大，超过中后胸之和；足较短，腹部11节。生活于腐殖质中，或于鸟兽巢穴寄居。

(16)鞘(qiào)翅目　简称甲，是昆虫纲中第一大户，已知约25万种。咀嚼式口器；前胸大，可活动，中胸小；前翅演化为革质，称鞘翅，后翅膜质，有些种类消失；幼虫多为镯型，裸蛹。常见种有金龟子等。

(17)捻翅目　已知约300种。口器咀嚼式但极退化，触角多杈；前翅退化，呈棒状，后翅阔大，扇形，雌虫头胸愈合，无眼、翅及足。营寄生性生活，如捻翅虫。

（18）广翅目　已知约500种。咀嚼式口器，触角丝状；前胸长，近方形，翅宽大，后翅臀区发达，腹部粗大，缺尾须。幼虫水生肉食性，如泥蛉。

（19）直翅目　已知约20 000种，包括蝗虫、螽（zhōng）斯、蟋蟀、蝼（lóu）蛄（gū）各科，为昆虫纲中第六大目。大中型昆虫，体粗壮，前翅狭长，后翅膜质宽大，后足善跳跃（蝗），前足为开掘足（蝼），腹端有产卵管（雌螽、蟋）。

（20）长翅目　已知约310种。头垂直并向下延长，口器咀嚼式，触角丝状，复眼大，前、后相似，雄性尾端钳状上举似蝎，又名蝎蛉（líng）。成虫产卵土中，幼虫喜潮湿环境，捕食性。

（21）蛇蛉目　已知约60种。头蛇形，复眼大，触角短丝状；前胸细长如颈，足较短，前、后翅相似：腹部宽大，缺尾须。幼虫生活于林间树皮下，捕食性，如蛇蛉。

（22）脉翅目　已知约4 000余种。复眼大，相隔宽，触角丝状；前胸短小，中、后胸发达；有翅两对，前、后翅相似，脉纹网状，翅缘多纤毛；腹部缺尾须。肉食性，如草蛉。

（23）毛翅目　已知约3 600种。退化了的咀嚼式口器，触角长丝状，复眼发达；翅两对，有鳞或密集的毛，横脉少，后翅宽广，有臀（tún）域；幼虫水生，吐丝作巢，植食性，如石蚕。

（24）鳞翅目　约有100 000种之多，为昆虫纲中的第四大目。口器虹吸式，触角棒状（蝶亚目）；丝状、羽状或栉状（蛾）；翅膜质，布满多种形状各种色彩的鳞片。幼虫植食性，如夜蛾。

（25）膜翅目　已知约120 000种，为昆虫纲中的第三大目。头大能活动，复眼大，有单眼，触角为丝状、锤状、屈膝状，口器咀嚼式或中、下唇及舌延长为嚼吸式（蜜蜂科）。翅膜质脉奇特。

（26）双翅目　已知约150 000种，为昆虫纲中的第二大目。口器舐吸式或刺吸式，触角环毛状或丝状（蚊）、芒状（蝇），前翅 1 对，后翅退化为平衡棒。肉食性、腐食性或吸血；围蛹或裸蛹。

（27）蚤目　已知约 2 200 种。体小而侧扁，刺吸式口器，眼小或无，触角短锥形；皮肤坚韧，多刺毛，翅退化，后足跳跃式；腹部扁大，末端臀板发达，起感觉作用。外寄生于鸟及哺乳类动物。

（28）缺翅目　已知约 12 种。体型小，咀嚼式口器，触角短，仅 9 节，念珠状；前胸发达，有无翅型和有翅两型，有翅型翅也能脱落，尾须短多毛。1973 年中国科学院动物研究所黄复生先生在西藏采到该目一种昆虫，为我国首次记录。

（29）啮虫目　已知约 900 种。体小、头大垂直，触角长丝状，口器咀嚼式；前胸缩小如颈，翅膜质，前翅大于后翅，翅脉稀但隆起；足较发达，能跳跃。生活于腐殖质、书籍、面粉中，如啮虫。

（30）食毛目　约有 2 500 种。体扁、头大，眼退化，口器为变形的咀嚼式（常以上颚括取鸟、兽毛及肌肤分泌物为食）；触角短小，至多 5 节，翅退化，前足攀登式。寄生于鸟及哺乳类动物身上，如鸡虱。

（31）虱目　已知约 500 种。体扁，头小向前突出，眼消失或退化，刺吸式口器，触角较小；胸部各节愈合，缺尾须，前足适于攀缘。寄生于哺乳类动物身体上，如虱子。

（32）缨翅目　已知约 2 500 种。体型小，细长，复眼发达，翅狭长、脉退化，密生缨状长缘毛，口器特殊，左右不相称，故称锉吸式；植食性，喜生活于植物包叶间及树皮下，个别种类为捕食性，如蓟（jì）马。

（33）半翅目　已知约 50 000 余种，是昆虫纲中第五大目。头小，口器长喙形刺吸式，向前下方伸出，触角长节状；前胸宽大，中胸小盾片明显；前翅基丰厚硬如革，后半膜质。植食性或捕食性，如蝽（chūn）象。

（34）同翅目　已知约 16 000 种。是昆虫纲中第七大户。复眼较大，口器刺吸式，生于头部下后方；前、后翅均为膜质，透明或半透明。大部分为农林主要害虫，有些种可借助口器传播植物病害，如蚜虫。

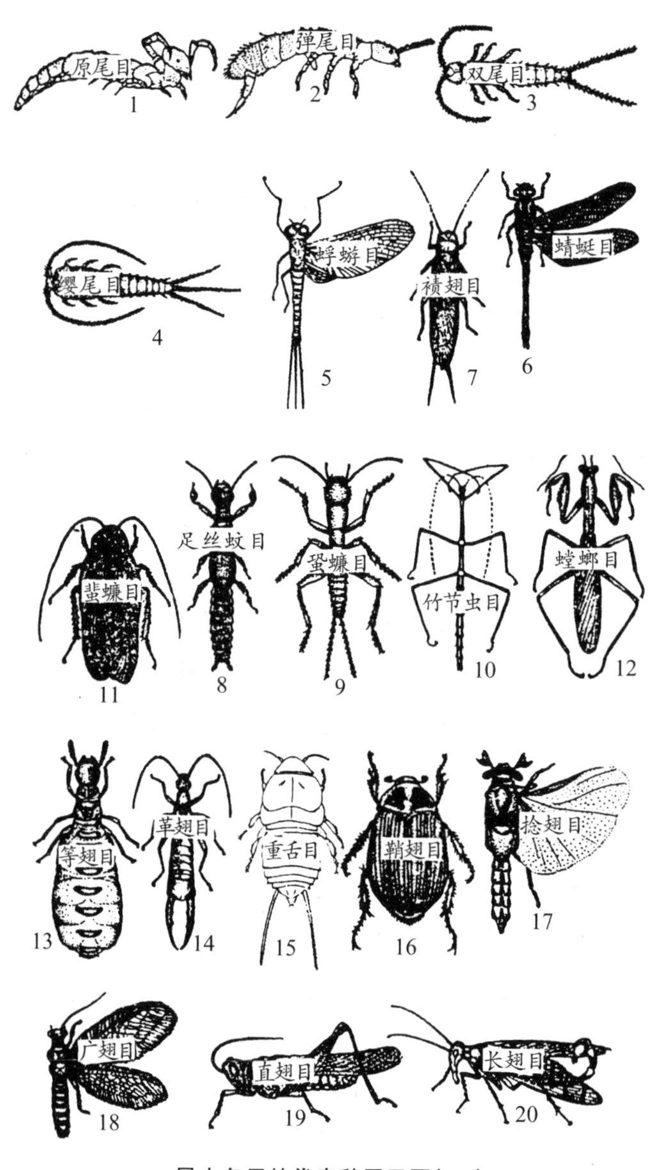

昆虫各目的代表种展示图(一)

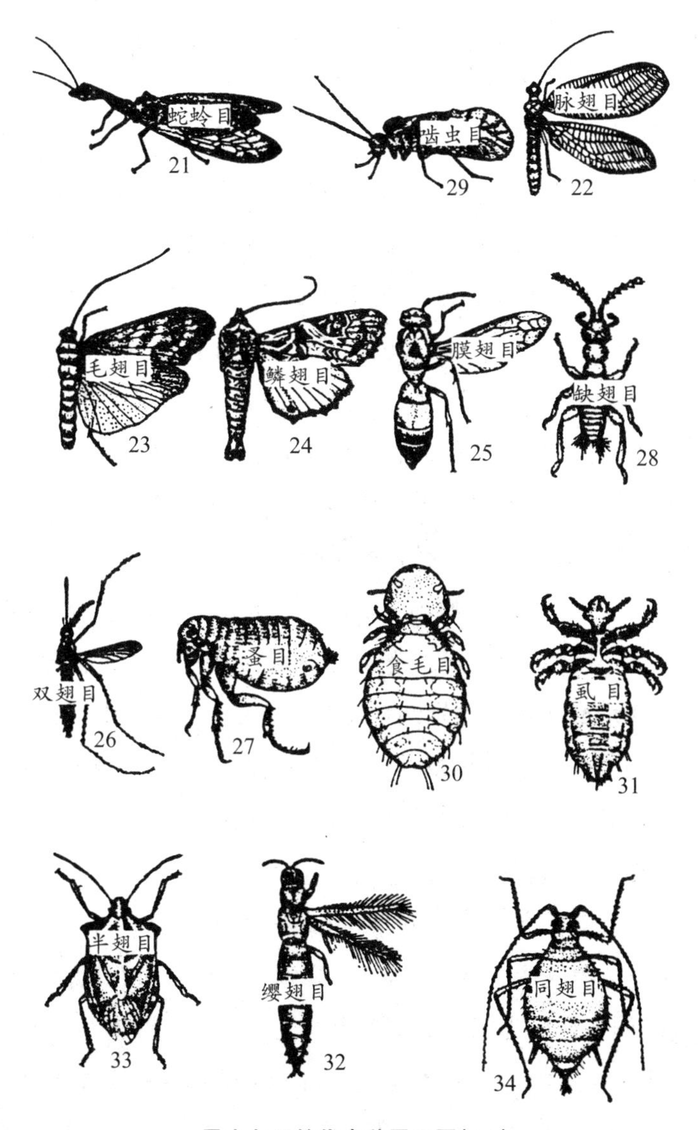

昆虫各目的代表种展示图(二)

当你读完前面一段文字记述后,便会很自然地提出这样一个问题来:昆虫的种类为什么这样多?

解答这个问题并不十分困难。中国有句俗话“耳听为虚、眼见为实”,只要经常到大自然中去走走看看,这个问题便会从书本知识变为现实的东西。在大自然中观察昆虫，你会从中学到书本中没有的知识，并能开拓你的思维能力。昆虫种类繁多，主要有以下几方面的原因：

(1)繁殖能力强　昆虫的生育方法一般是雄、雌交配后，产下受精卵，在自然温度下孵化出幼虫来，这种繁殖方式称有性生殖。在大部分种类中，一只雌虫可产卵数百粒至千粒。蜂王产卵每天可达2 000～3 000粒。白蚁的蚁后每秒可产卵60粒，一生可产卵几百万粒。一对苍蝇在每年4—8月的5个月中，如果生育的后代都不死，一年内其后代可多达19 000亿亿只。一只孤雌卵胎生的棉蚜在北京的气候条件下，从6月到11月的150天中，如果所生的后代都能成活，其后代可达60 000亿亿只以上。如果把这些蚜虫头尾相接，可绕地球转3圈。还有些种类的昆虫有幼体生殖、卵胎生、多胚生殖等有利于扩大种群的生育方法。

(2)体型小　昆虫的体型小，这使它们在争夺生存空间战中占了很大便宜。昆虫中，体型最大的也只有十几厘米，一般都在2～3厘米之内，还有许多种类要用毫米甚至微米测量。一块石头下的蚁穴中，可容几万只且过着有次序的社会生活的蚂蚁；一片棉叶下可供几百只蚜虫或白粉虱生活、繁殖后代和取食。有人统计过，1公顷的草坪可轻松地容纳下近6亿只跳虫自由自在地生活。

(3)食量小，食物杂　昆虫中食量小的种类很多，如一粒米或一粒豆可使一只米象或豆象完成它从卵、幼虫、蛹到成虫的全过程所需的食物。食性杂、食源广的特性也为昆虫提供了生存的机遇。舞毒蛾的幼虫能很自然地取食485种植物的叶子；日本金龟子可不加选择地取食250种植物。从植物受害方面讲，苹果树有400种害虫；榆树有650种害虫；栎树有1 400种害虫。

(4)有很强的选择适宜生活环境的迁移能力　昆虫有着善于爬行和跳跃的足以及专门用来飞翔的翅，这就扩大了它们的生存范围。昆虫可借助风力和气流远距离迁移。成年飞蝗每天可轻而易举地飞行160多千米。有人发现，一度在摩洛哥发现的蝗群，原来是从3 200千米以外的南部非洲飞来的，后来不仅从西非飞到孟加拉国，而且又经土耳其向北飞去，有些迷途的蝗群竟飞到了英国。危害小麦的黏虫的成虫，在迁飞季节，可从我国的广东省起飞，跨高山、越大海到达东北各省，而且每次起飞可持续7~8小时而不着陆，每小时的飞翔速度竟高达20~24千米。昆虫还可借鸟、兽和人们的往来、植物种子、苗木及原材料的运输来迁移。这样虫借天力人为，就扩大了它们的生存天地。

（5）有很强的适应性　昆虫耐饥饿、耐严寒、抗高温、干旱的能力很强。咬人的臭虫一次吸血后，可连续存活280天。跳虫在−30℃的低温下还能活动。在浅土中过冬的昆虫幼虫或蛹，只要来年冰消雪化，即可苏醒过来，继续生活并繁衍后代。多种仓库害虫可忍耐45℃高温达10小时而不死。珠绵蚧包在球形体壁内的幼虫，在完全干燥的沙土中可活8年之久。

（6）多变的生存行为　昆虫有着多种复杂的变态以及模仿、拟态、防御等自我保护行为，这就为保护其种群的生存、发展创造了极为有利的条件。有关这方面的详细内容，我们在后面还会提到。

四、昆虫的身体构造与功能

1. 外部附肢

（1）足上的力学　足是昆虫的主要运动器官。有了足就可带动身体去寻找食物，求婚配对，选择适宜的生活场所。一句话，昆虫没有这六条腿就生活不下去。

不要小看昆虫这几条小腿，它们在结构和式样上，还真有点学问哩。

昆虫的足能那么灵活地运动，这与足的构造形式有着极为密切的关系。昆虫的足共分为五节，很像是一台高性能挖土机上的分节铁臂。昆虫足的第一节与身体相连，生长在一个叫做基节窝的小坑里，它起着根基的作用，支撑着足的重量，人们叫它基节。第二节短而圆，是整个足上的大转轴，好像挖土机上的转台，操纵着足的转动方向，人们叫它转节。第三节粗大，表皮下面生长着发达的能伸能缩的肌肉，起着挖土机上那根长而有力的铁臂和拉链的作用。它起的作用和模样，又像是人们的大腿，所以叫做腿节。再前面的一节起着推拉杆的作用，足的伸长或缩短，走起路来迈的步子大小，主要由这一节来支配，叫做胫节。胫节前面的一节，是由2～5个小节组合而成的，由于各节之间相隔很短，运动灵活，便于附着在物体上向前爬行和攀登，就叫它跗节。最后一节的顶端，还长着两个又尖又硬的爪子，可用来协助跗节抓牢物体不至于脱钩。有些昆虫的两爪之间，还长着有弹性的垫子，可凭借它分泌的黏液和吸附力，将足附着在光滑的物体表面，甚至倒悬着也不会掉下来。还有不少昆虫的跗节及爪垫上，生长着极为灵敏的感觉器官，一经与物体接触，便可知道物体情况，以决定其行动。

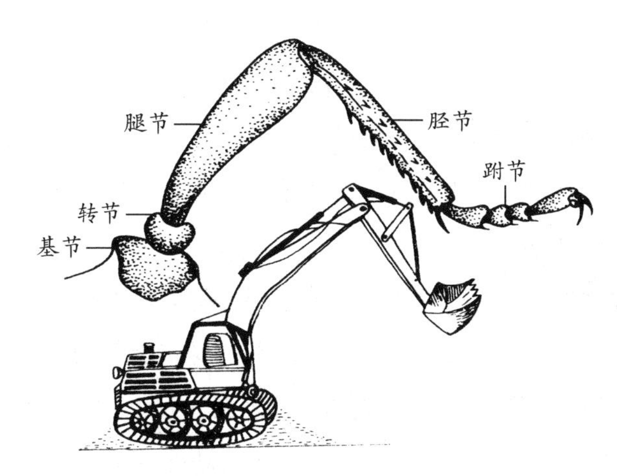

昆虫足的构造与挖土机结构对比示意图

由于昆虫足的结构有着力学的科学原理，因此，便产生了极为惊人的抓、爬、跳、弹、拖、拉、挖的力量。如果你有兴趣，不妨做个实验，捕捉一只身材较大的甲虫，用镊子细心地将一条腿自基部完整地摘下来，并平行地夹住，再用另一把镊子牵动基节内的肌肉，便可看到腿的运动及收缩情况。如果在爪尖上挂一个大于腿重量250倍的物件，腿的结构也不会损伤。

举重冠军

一台吊车，在建筑高层楼房的工地上，伸展着它那高大的铁臂，在吊装庞大的水泥构件，围观的人们赞扬吊车的无比威力。有个过路的行人听到这种评语后却说：吊车在建筑工地上确实立下了功勋，但它吊举的能力却不及自身的重量，真正的抓举冠军并不属于吊车，而是在空中飞翔，靠捕捉其他有害小虫为食物的蜻蜓和盗虻。

人们做过这样的实验：捉来一只身体健全的蜻蜓，用线把它的胸部捆好，让它抓住相当于体重20倍的食物，轻轻提起，蜻蜓竟能靠足的抓力，抱紧食物达15分钟之久。我们也曾看到蜻蜓捕捉比它体积大5倍以上的天蛾成虫，飞离地面数米，然后停留在树梢上嚼食。

盗虻在抓举竞赛中也毫不逊色，能捕捉到比它身体长1倍，重2倍的负蝗，用足轻而易举地抓吊着，远走高飞。

大花金龟可以抓起324克的重物，比自身的重量大53倍。

昆虫不但抓举能力强，而且抓得很牢固，如果想把它抓住的食物拿掉，并不容易，强行夺取，有时甚至将腿拉断它也不肯松开。

跳高跳远比赛

一场跳高跳远比赛开始了。参加这场比赛的不是来自世界各地的田赛名将，也不是喜跑善跳的袋鼠和野兔，而是身材极小的昆虫。

第一个出场试跳的是跳蚤。它身着棕褐色的运动服，又小又扁的身材显得那么貌不压众。第一次试跳并不理想，只跳过20厘米。裁判员宣布正式比赛开始，这次一跳达到了理想的水平，电子记分牌上显示出22厘米的字样，超过了跳蚤身高的100多倍。

第二个出场的，是一个身穿深蓝色闪光运动服的黄条跳甲，背上有两条黄色竖纹，像是11号运动员，它肥胖的小个头长得那么匀称。比赛开始，六腿用力一蹬，轻而易举地跳过了45厘米高的横杆，竟超过了身高的250多倍，夺得了跳高比赛的冠军。

跳远比赛开始，跳蚤创造了50厘米远的记录。获得了跳远比赛的金牌。黄条跳甲跳出了45厘米远，获得亚军。

发奖前，裁判员对跳蚤和黄条跳甲的身体进行了仔细的检查后宣布，它们的共同特点是：后足发达，腿节粗壮。其跳跃前的预备姿势是，先将有些弯曲的胫节靠近腿节，然后猛然收缩腿节上的拉肌和胫节上的提肌，并借助跗节与地面的反冲力，将身体弹向空中和远方。为了增加后足的弹力，起跳前前足和中足同时向后下方蹲去，起到了助跳作用。

有点愣头青的棉蝗，虽然不属于这个比赛级别，也允许参加了表演赛。它竟然以10次平均跳出了178厘米，超出了身体长度的30倍。棉蝗能跳这么远，原来窍门是在加强了后足的蹬力。棉蝗在起跳时，稍稍地不太显眼地伸展了一下前翅，才增加了助跑速度，裁判员认为这是投机取巧，扣发奖牌。棉蝗的负重跳远却很超群，它能用前足和中足抱住一只小老鼠，跳出100厘米远。棉蝗后足胫节上有两排又大又尖的刺。你捕捉它时若稍不留神，只要它用后足一蹬，就能将你的手划破，流血不止。怪不得山区农民给它起了个“蹬山倒”的俗名。棉蝗腿上的刺，除作为自卫武器外，还可用来作刮器，刮划坚硬的地面或石块，发出声响，用来招引异性，并有驱赶天敌的作用。

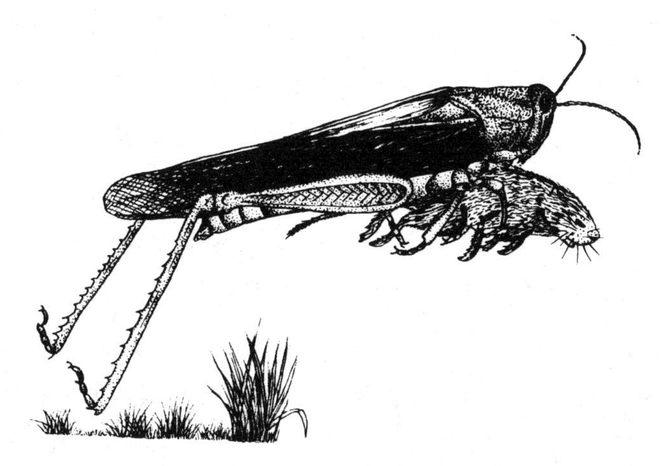

棉蝗的抓力很大，可抓住小鼠跳起来

力拖千斤

人们都知道马的拉力很大，一匹体重为0.7吨的好马，在良好的路面上，用四轮车最多可拉动3.5吨的货物，相当于自身重量的5倍。

你也许没有想到，动物中拖力最大的大力士并不是马，而是六条腿的小昆虫。

为了证明昆虫的拉力有多大，曾有人做过一个实验：捉来一只体重仅有0.5克，俗名叫耳夹子虫的大蠼(qú)螋(sōu)，用线拴住它尾部的夹子，在平滑的地面上，可拖动一辆170克的玩具小空车快速地向前爬行。后来把空车装上东西，并逐渐将重量增加到265克，还可勉强拖着走。如果用耳夹子虫的体重，去除它所拖拉的总重量，再把得数四舍五入，就可得出个惊人的数字，它所拖的重量相当于自身重量的500倍。

用同样方法实验，一只体重为6克的犀角金龟子，它能拖拉的重量达1 086克，比自身重量大181倍。

一只织巢蚁，可用嘴叼着比它体积大40倍的植物叶片，用六条细长的小腿在地面上拖着走。而一只普通的黑蚁，竟能较轻松地将比它的身体重1 400倍的食物拖到自己的巢口。

高效率的挖洞机

很早以前，有个横征暴敛，欺压人民的皇帝，百姓被他压榨得无法生活下去了，便联合起来造反。他们拿起锄头扁担冲进皇宫，皇帝闻讯从后门落荒而逃。追赶的人群喊声震天，惊慌失措的皇帝正无处躲藏时，只见路旁有个蝼蛄挖的土洞，便一头钻了进去，躲过了一场"灭顶之灾"。后来皇帝为报答救命之恩，赐给蝼蛄边地一垄，任它随意吃垄中禾苗。故事虽然出于虚构，蝼蛄挖洞能力的强大可是千真万确的。

蝼蛄用钉耙状前足挖洞

蝼蛄挖洞的特殊本领，出自它胸部生长着的那对又粗又大的前足。上面有一排大钉齿，很像是专门用来挖洞的钉耙。

蝼蛄挖洞时，先用前足把土掘松，尖尖的头便靠着中足和后足的推力，用劲往里钻，坚硬宽大的前胸，一起一伏地把挖松的土挤压向四周。就这样挖呀，钻呀，压呀，一条条隧道便形成了，真可谓"功夫不负有心人"。

蝼蛄在地下挖的隧道，浅的

也有六七厘米，深的可达150厘米，而且一夜之间竟能挖掘出200～300厘米长。其貌不扬的蝼蛄还能在地下挖出“育儿室”、“休息间”。为了度过严寒的冬天，它也会挖个专供睡眠的土洞。如果能仿照蝼蛄前足的构造及其运动功能，制造一台大功率的挖洞机，用来挖掘地下隧道，造福于人类，那该有多好啊！

昆虫的行走

地球上的动物，生长着六条腿的恐怕只有昆虫了。因此，古希腊的昆虫学家，把昆虫纲称为“六足纲”。这个名称被认为反映了昆虫纲的主要特征而流传至今。中国最早研究昆虫的学术团体，也是以昆虫的六条腿命名的，叫“六足学会”。

前面说的都是昆虫六条腿的特殊功能及其力学原理。也许有人要问，昆虫长着六条腿，走起路来先迈哪一条，后迈哪一条呢？在高速摄像机问世前，人们为了揭开这个谜，曾经捉来一只身体较大的步行甲虫，把它的六条腿各沾上不同颜色的油墨，让它在白纸上爬行。起初昆虫用沾有油墨的足走路很不习惯，于是在纸上画出了一幅极不规则的超现代派抽象画。经过几次实验，终于走出了正规的印迹，清楚地表明它是将六只足分为两组，像“三脚架”一样交替支撑着身体向前运动的。一组是用身体右边的前足、后足和左边的中足组成；另一组是用左边的前足、后足和右边的中足组成。行走时当第一组的足举起身体向前移动时，另一组的足便负担着支撑身体重量的任务。同一组的三只足也并不是同时移动，而是前、中、后依次行进。由于一般昆虫的足都是前、中足短些，后足长些，后足迈出的步子总是大些，这样就很自然地使它们的行走路线

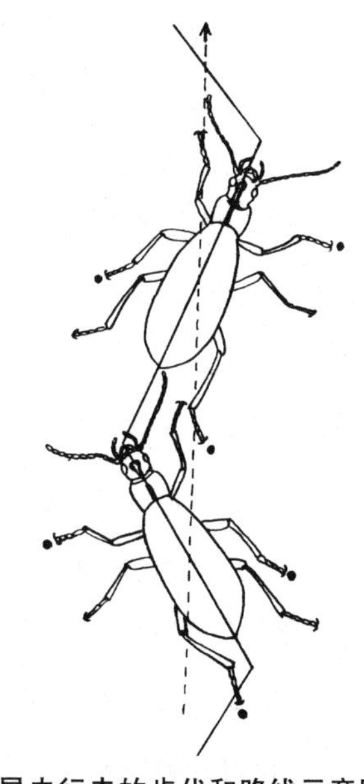

昆虫行走的步伐和路线示意图

成为“之”字形。

（2）昆虫飞行的启示　大多数昆虫有翅，并可以飞翔。有了翅就扩大了它们的生活范围，这也正是昆虫在地球上的数量如此之多的原因之一。

昆虫翅的结构很像一只风筝。在翅的表面镶嵌着一层透明的翅膜，在翅膜内贯穿着许多条像风筝用竹签扎成的支架，叫做翅脉。为了使翅膀在飞翔时增强支撑能力，免得被风折断，还有许多横脉将翅膜分成许多大小不同的格子，叫做翅室。有些种昆虫的翅像透明的塑料布，翅脉清晰可见，如蜜蜂和苍蝇的翅就是这样。蝴蝶和蛾子的翅上，覆盖着一层五光十色，像鱼鳞一样排列着的鳞片，而且以鳞片的大小、形状、颜色组成各种鲜艳夺目的图案。至于毛翅目的昆虫，它们的翅膜上还铺满了一层密集的毛。

昆虫光有翅还不能飞行，还要靠肌肉。翅的基部连接着体内极为发达的肌肉群，而且各种肌肉还有着严格的分工。专管向上提翅的肌肉，叫提肌，管理向下拉翅使虫体下降的肌肉，叫拉肌或牵肌。还有的肌肉用来操纵翅的振动频率和飞行方向的变更。当昆虫要起飞时，肌肉系统开始工作，互相作用，先使翅产生抖动，然后加大牵引力，同时使翅的尖端向下压，利用空气受压产生的阻力，同时将翅的前缘扭转，使气流从翅下通过，将身体举起来。这时振动肌开始工作，便向前飞去。昆虫飞行的快与慢，由翅的振动频率来决定。当然身体内的肌肉所产生的任何动作，都要由大脑中的神经系统支配，才能运动自如。

昆虫的翅有着这样科学的结构，再加上像机械一样的运动着，便决定了有翅昆虫不但能飞，而且有些种类的飞行速度也很可观。

蜻蜓称得上昆虫中的飞行冠军。每当暴风雨将要来临或雨后初晴，常见到蜻蜓三五结伙，数十只成群，多者成百上千只结队飞行，时上时下，忽慢忽快，有时竟微抖双翅来个180°的大转弯，姿势非常优美。它们还可用翅尖绕着“8”字形动作，以每秒30～50次的高速颤动，来个悬空定位表演哩。蜻蜓时常以每秒 10 ~ 20 米的速度连续飞行数百里而不着陆，有时还会突然降落在植物尖梢上，一瞬间又飞得无影无踪。唐诗中有“蜻蜓飞上玉搔头”的诗句，生动地描述了它们飞行的特殊技能。

蜻蜓飞得这样快，可是它们的翅却不会被折断或受到损伤，除了翅上布满像蜘蛛网状的翅脉，承受着巨大的气流压力外，在翅的前缘中央，生长着一块极其坚硬，叫做翅痣的黑色斑，起着保护翅的防颤作用。研究制作飞机的人们从中受到启示，在机翼的前缘组装上了一块较厚的金属板，不但使飞机在航行中减少了颤动，提高了安全系数，也起到了平衡作用，加快了飞行速度。

蝗虫的飞行能力也很惊人。成年蝗虫每天可轻而易举地飞行 160 多千米（100 多英里）。一度在摩洛哥发现的蝗群，原来是从 3 200 千米以外的南部非洲飞来的，后来不仅从西非飞到孟加拉国，而且又经过土耳其向北飞去，有些迷途的蝗群竟飞到了英国。

黏虫的飞翔能力也很超群。有人曾做过这样的实验，在黏虫春季回迁季节，在其身体上做好标记，从我国南方省份广东释放，3 ~ 5 日后即在我国最北方的黑龙江省回收到。人们在追踪观察中发现，黏虫一次起飞可连续 7 ~ 8 小时不着陆休息，飞行速度每小时可达 20 ~ 40 千米。

金龟子每秒钟可飞行 2 ~ 3 米远。身体只有 1 毫米多的蚜虫，在无风天气，每小时也可飞 0.8 ~ 2 千米，而且在借助风力的情况下，可飞得很高，有人曾在 3 970 米的高空中捕到它们。

苍蝇、蚊子、牛虻只有一对翅膀，原来的后翅退化成半个哑铃状的�翅，一般称为平衡棒，可是它们的飞翔速度并不减慢。家蝇每秒可飞行 2 米；牛虻每秒飞行 5 ~ 14 米；鹿蝇的飞行速度可与现代超音速飞机媲美，每小时可飞行 400 千米。

一些昆虫从用两对翅飞行，演变成用一对翅飞行，这是飞行能力发展的必然结果。从进化的角度理解，它们应属于昆虫中的“高等绅士”了。

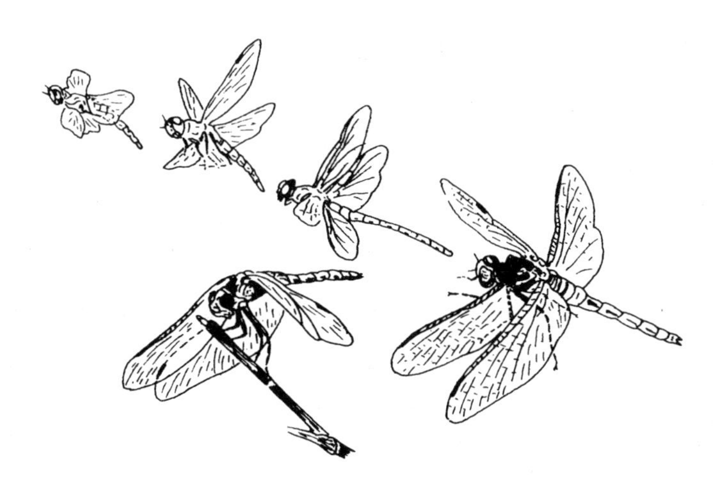

昆虫中的飞行之王——蜻蜓的飞行与停息姿势

双翅目昆虫的后翅虽然已经退化得很小，所发挥的功能却不减当年，虽然振动频率与前翅一样，但力向相反，在水平飞行时起着稳定身体的平衡作用。当身体偏离航向时，一侧的平衡棒便急速地振动，而另一侧的减慢振动，用来及时纠正航向。平衡棒还可以保持机体的爆发能力，以便能垂直起降。昆虫楫翅的导航原理，已被科学家们利用，仿制成叫做“音叉式振动陀螺仪”的小型导航仪，并在火箭和高速飞机上装配，起到了稳定安全飞行的作用。

（3）万花筒与偏光镜　在昆虫寻找食物，躲避敌害，谈情说爱，传宗接代等多种多样的活动中，眼睛——视觉器官起着很重要的作用，因为需要依靠它才能与周围的环境建立起密切的关系。

在所有的动物中，昆虫的眼睛不但最多，而且构造也很特殊。它除了在头的前方两侧，有一对大而突出的叫做复眼的眼睛外，在两个大眼之间还有一个或三个叫做单眼的小眼。一只复眼并不是一个单体，而是由许多六角形的小眼聚集在一起形成的。因此，复眼的体积越大，小眼的数量也就越多。

不同种类昆虫复眼中的单眼，其数量有多有少。据科学工作者们的实验、观察和计算，蜻蜓像一个变色灯泡的又圆又大的复眼，竟是由 1 万 ~ 2.8 万个小眼组成的。蝶类的复眼则由 1.2 万 ~ 1.7 万个小眼组成。在水中生活的龙虱，每只复眼由 9 000 个小眼聚集而成。家蝇的复眼有 3 000 ~ 6 000

个小眼。蚊虫的复眼只有 50 个小眼。让人们难以理解的是，同是一种蜜蜂，工蜂的复眼由 6 300 个小眼组成，蜂王的复眼为 4 900 个小眼，而雄蜂的复眼是由 13 090 个小眼组成的。

昆虫的复眼虽有这么多单眼，但大多数视力并不强，有点接近于近视。经过科学家们的测量，得出的结论是，家蝇的视觉距离为 40 ~ 70 毫米，蜻蜓的视觉距离为 1 ~ 2 米。不过，有一种非洲产的毒蝇却能清楚地看到 150 米左右远的物体。

虽然昆虫能看到物体的距离较短，但它们对物体移动的觉察能力却很敏锐。当一个物体忽然在眼前闪过，人们的眼睛要在 0.05 秒的时间内才能看清模糊轮廓，而苍蝇只要在 0.01 秒内就能辨别其形状大小。根据这种现象，人们从雄蝇追逐雌蝇的飞行路线中发现，苍蝇的复眼视觉有着绝妙的追踪能力。

昆虫复眼的结构既复杂又巧妙。复眼中每个小眼的前面都镶嵌着一层像凸透镜一样的，叫做角膜的聚光装置，它起着照相机镜头那样的校对焦距的作用。角膜下面连接着调整清晰度的晶体部分，以及辨别颜色的色素细胞和感觉束，它还与视觉细胞以及连接大脑的传感神经相通。当神经感觉到聚光系统传入光点的刺激时，便形成点的形象。许多小眼内的点像互相作用，即连接成一幅完整的影像。如果把一只完整的复眼取下，用石蜡包埋并用切片机纵切开，封闭在玻片上，在放大镜下观察，便可见到许多菱形的小眼，像一朵葵花盘似的聚集在一起。如果将半只复眼变换着角度在阳光下观察，由于光的折射作用，在眼面上会出现五颜六色，绚丽夺目的斑点，很像一只奇妙的万花筒。

昆虫复眼中的小眼数量不同，对不同颜色的分辨能力和敏感程度也不一样。人们的眼睛看不到紫外线光，可是在蚂蚁、蜜蜂、果蝇和许多种蛾子的眼里，紫外线却是一种刺激性最强的光色。又如蜜蜂不能辨别橙红色或绿色；荨麻蛱蝶看不到绿色和黄绿色；金龟子不能区分绿色的深浅。

有些昆虫的复眼，在飞行过程中还起着定向和导航的作用哩，蜜蜂就是其中的一例。它们眼中的感光束，呈辐射状排列着，每个感光束由8个小网膜细胞组成，其中的感光色素位于密集的微绒毛中，由于微绒毛中感光色素分子的定向作用，和对光的吸收能力，而有着特殊的定向功能。蜜蜂就是利用复眼中这些极为复杂的视觉细胞，感受到透过云层散射出来的，有固定振动方向的“偏振光”，来判断太阳在天空中的位置的，即使天空中乌云密布，外出百里之外采蜜的蜜蜂回巢也不会迷失方向。人们受到蜜蜂眼睛构造的启示，根据其原理，已成功地制造出一种叫做“偏振光天文罗盘”的仪表，从此飞机穿云破雾，搏击长空；舰艇在阴雨连天的大海中航行，都不再迷航了。

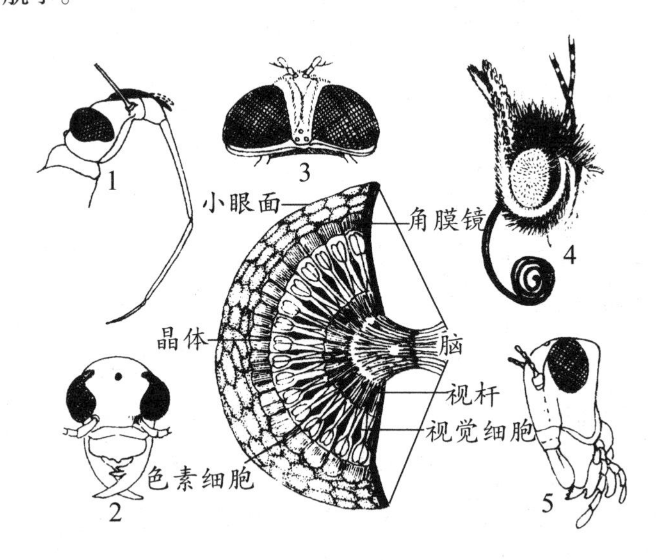

昆虫复眼的构造模式及几种常见昆虫的复眼

1.猎蝽的复眼　2.天牛的复眼　3.苍蝇的复眼
4.蝶类的复眼　5.蝗虫的复眼

有一种象鼻虫的复眼，可起到速度计数器的作用，它能根据眼前所能见到的物体从一点移动到另一点所需要的时间，通过脑神经计算出自己相对于地面的飞行速度。因此，这种甲虫在飞行着陆时，离它选定的着陆点误差很小。人们据此研究出了测量飞机相对于地面的飞行速度的仪表——地速计。这种仪器还能测量火箭攻击各种目标时的相对速度。

昆虫头上的单眼，只是一个四周没有受到任何压力的圆形角膜镜，所以它只能辨别小范围内的光的强弱，以及映入眼中但不清楚的影像的距离。

(4)千姿百态的顺风耳　法国著名昆虫学家法布尔，为了验证蝉有没有耳朵，做过一次实验。他把两门土炮架在大树下。蝉正在树上醉心地唱歌。轰！炮声响了。响声如霹雷一样，人都“震耳欲聋”，可是蝉却像是没有听到似的，照样唱个不停。所以法布尔当时断定：蝉是聋子，它没有耳朵——听觉器官。

蝉不是聋子，它也能听到声音，只是它的听觉器官与高等动物的耳朵不大一样。法布尔生活在19世纪，那时还没有什么测试昆虫听觉能力的仪器供他使用，再加上当时对声波的认识还不完善，只靠眼睛观察放炮后蝉的动静，因此得出了个不正确的结论。

不论哪种动物的听觉器官，能够接受的声波频率都有一定范围。人的耳朵可以听到每秒振动16次到20 000次之间的声波，低于这个频率的次声波和高于这个频率的超声波都听不到。昆虫不但有着它们自己接受声波的范围，即使不同种类的昆虫对声波的接受能力也不相同，频率过高或过低的声音，它们不一定都能听到。蝉对同一种蝉的叫声接受能力比较灵敏，可是你在它身边喊叫、拍手，甚至像法布尔那样放土炮，它都满不在乎，就是这个道理。

蝉的耳朵并不像高等动物长在头上，而是长在腹部第二节附近，由比较厚的鼓膜和下面的1 500个弦音听觉芽，以及上面的感觉细胞组成。当声波传到听觉器官上，再把信号传到脑子里，蝉就听到了声音。但由于这些听觉芽像丝一样延长，所能感受到的声波很有限，因此听力也很差。

不同种类昆虫的耳朵和在身体上的位置不一样，其听力也不同。

这里拿同属于直翅目的蝗虫和蟋蟀来做个比较。蟋蟀的耳朵长在前足胫节（小腿）的基部，从外面看像是一条椭圆形的细缝，表面有层发亮的鼓膜，每个鼓膜里有100～300个感觉细胞，鼓膜受到外部声波的冲击，将振频传入中枢神经，这时同类昆虫便可彼此呼应了。

蝗虫的耳朵长在腹部第一节的两边，像个半拉月牙形的小坑，里面有块像镜面一样的发达鼓膜，膜上还有个起着共鸣作用的气囊，每个鼓膜下有60~80个感觉细胞。不过蝗虫休息时，两个耳朵完全被翅膀盖住，只是在展开翅膀飞行时才暴露在外面，接受声音的能力才会更敏感。人们研究了蝗虫所能接受的声波后，已经可以用15 000~20 000赫兹的人工信号，来招引蝗虫发出鸣声或起飞等一系列反应。

蟑螂属于蜚蠊目，是一种生活在家庭中偷吃食品，让人讨厌的昆虫。在人们猝然发现它的一瞬间，它便会迅速地逃掉，这是由于它们尾须上的毛状感觉器，像是一台高度灵敏的微波振动仪，能感到频率很低的音波，不仅能测到振动的强度，就连方向也能感觉出来。蟑螂能感受音波的尾须，只能说是耳朵的代用品。

鳞翅目中的夜蛾（如黏虫、地老虎、甘蓝夜蛾等），它们的耳朵长在胸部和腹部之间的两侧，在节间膜部位的凹陷处，像个菱形的小洞，平时不易看到，只有表面那层透明鼓膜下面的鼓膜腔开始充气时才比较明显，里面有两个感觉细胞与鼓膜相连。夜蛾晚间飞行时，在距离它们的天敌——蝙蝠还有30米时，耳朵中的鼓膜与感觉细胞就已捕捉到蝙蝠发来的超声波。夜蛾感到大祸临头，便急速降低飞行高度，避开声波覆盖范围，从而保存了生命。

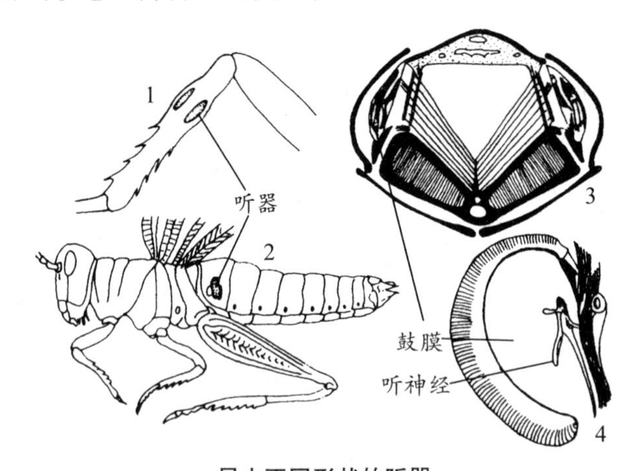

昆虫不同形状的听器

1.螽斯的听器　2.蝗虫的听器　3.蝉的听器　4.蛾子的听器

昆虫不仅到了成年时有着千奇百怪的耳朵，有些种类在童年（幼虫）时就有起耳朵作用的感觉器官——毛状感觉器。

毛状感觉器是由毛原细胞、膜质细胞和感觉细胞三部分组成。膜质细胞在幼虫的表皮上形成膜状毛窝，毛窝中生有一根空心刚毛，当刚毛受到空气振动或外部压力时，便把接收到的外界刺激传到感觉细胞的接触点，再由感觉神经传到中枢神经，使虫体产生出迅速而又有多种表现的反应来。

长这种毛状感觉器官的，多为身披又长又密毛束的毒蛾科和枯叶蛾科的幼虫。舞毒蛾幼虫的感觉毛能接收32～1 024赫兹频率的音波，大致与暴雨欲来时的雷声频率相同。这就使它们闻声后能即刻将身体蜷缩，从树上跌落下来。

（5）真假尾巴的功能　动物中的飞禽走兽，都长有尾巴。不过不同种类的尾巴所起的作用各不相同。马的尾巴能驱赶叮咬皮肤，吸食血液的虻蝇；长尾猴的尾巴起着帮助攀缘的作用；袋鼠的尾巴不但能助跳，还能用它来支撑身体，进行格斗。

昆虫中也有不少种类，生长着起不同作用的尾巴。

衣鱼，俗名蛀书虫（属缨尾目衣鱼科），体小柔软，身披银灰色鳞毛，常栖息于书籍、纸张和衣物间蚀食。一旦被人发现，动作极为敏捷，转眼便“溜之大吉”，无影无踪。它们这种逃避天然敌害的本领，与生长在腹部末端的尾巴有着极为密切的关系。

衣鱼的尾巴，是三条分节的比身体还要长的尾毛的须须。这三条须须不但有着触觉功能，也是运动的附属器官。衣鱼善于爬行在垂直的墙壁上，除肚子下面有着起吸附作用的泡囊外，尾巴总是紧贴着墙壁，上面那密集的短毛还起到助推和防止下滑的作用。衣鱼为防止蜘蛛、蝇虎等天敌的捕食，停息时总是不停地摆动着尾梢，诱使天敌将注意力集中到尾梢上来，当尾巴被抓住，分节的尾毛即断掉，身体便可乘机逃脱。这可算是“舍尾保身”术吧。

跳虫属于弹尾目跳虫科,也有一条与身体差不多长的尾巴,不过它的尾巴只能作代替步行、加快逃跑速度的工具——弹跳器。跳虫的尾巴,不是长在腹部的末端,而是长在腹部的下面。尾巴尖端分成两个带叉的附属器官。平时这个尾巴弹跳器挂在肚子下面的钩状槽内,要跳时,与弹跳器基节连接着的肌肉突然伸张,弹跳器脱出钩槽,向后下方弹去,借助接触地面时的反弹力,跳向高空。跳虫要想跳向远方时,便将弹跳器端部的小叉分开,起到接触地面时的均衡作用,不致使身体摆动或歪斜,增加了前冲力。

在鳞翅目昆虫中,也有一些种类的幼虫长着很明显的尾巴。天蛾科幼虫的第八腹节背板后方,延伸出一根又硬又长,像钉子一样的尾巴,由于它很像身体后面多出了一只角,人们便叫它尾角。

天蛾幼虫身体后的尾角,不是幼虫接近成熟时才长出来的,自从卵中胚胎开始发育时,它就有了雏形。当幼虫在卵中形成,将要孵出时,尾角也派上了用场。当幼虫在卵中旋转时,较坚硬的尾角与卵壁摩擦,将卵壳划破,幼虫便破卵而出。另外,它还能起到恐吓“别人”,保卫自己的作用。

杨二尾舟蛾属于鳞翅目舟蛾科。它的幼虫在腹部末端有两条能伸缩,还有着变色龙作用的尾巴。其实这种尾巴只能说是由皮肤延伸成的软套管,套管基部一段与幼虫皮色相同,前面又长又细的一段成红色。不过带色的这段平时隐藏在基部的套管里,只有受到惊吓或外敌侵袭时,才利用腹腔充血的压力,猛然翻出,红缨招展,左右摇摆,好不威风。毕竟血液压力有限,不久便慢慢卷起,缩回到好似尾巴的套管中去。这种酷似尾巴,又不起尾巴作用的结构,人们叫它翻缩腺。

蜻蜓的交尾过程复杂而有趣,当雄蜻蜓的精子成熟后,第九腹节生殖孔中的精子,会自行移入第二腹节的贮精囊里,这时如遇到雌蜻蜓,便忽上忽下,时远时近,互相追逐,当两性靠近时,雄蜻蜓那细长的,腹部末端的夹子——抱握器,便猛然夹住雌蜻蜓的颈部,而雌性则用足抓住雄性的腹部，并将腹部末端的生殖器，搭到雄性的贮精器官上。这就是蜻蜓在空中边飞翔边交配的全过程。不明真相的人们，总爱说成是蜻蜓在“咬尾巴”。蜻蜓的腹部末端没有具备尾巴功能的结构，可是当雌蜻蜓体内的卵子受精后，它又总是尽量伸长尾部，在水面不时地点上几下。人们说是“蜻蜓点水，尾巴先湿”，看起来像是在耍什么特技，真实情况是蜻蜓在向水中产卵。

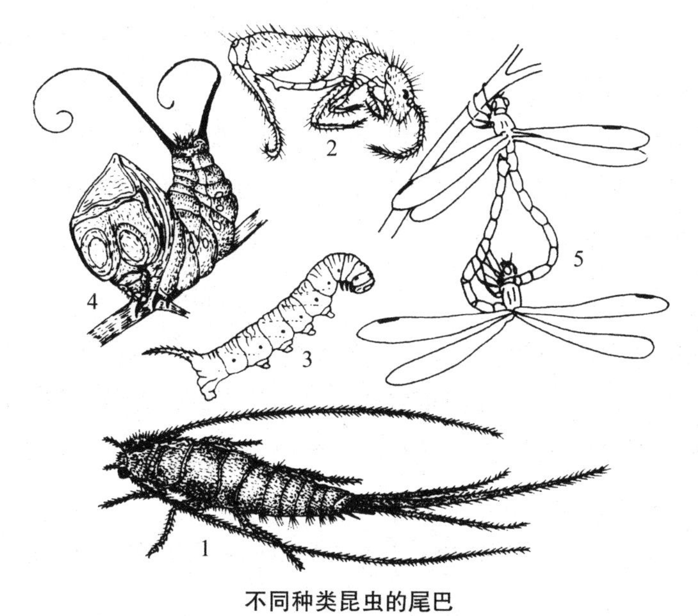

不同种类昆虫的尾巴

1. 衣鱼　2. 跳虫　3. 天蛾幼虫　4. 杨二尾舟蛾幼虫　5. 蜻蜓在交尾

（6）多变的生儿育女器官　昆虫的腹部是长筒形。在腹部末端的第八或第九节上，生长着生儿育女的繁殖器官，雄的叫交配器，雌的叫产卵器。雄性的交配器，大部分隐藏在第九腹节的体壁内，从外表看不到什么奇特的样子。雌性的产卵器，一般都裸露在体外，样子多变也很离奇。

昆虫的种类不同，所需要的产卵场所也不同，因此，产卵器官的外形构造也多种多样。

蝈蝈的叫声清脆悦耳，因而成为人们饲养的宠物。但要在野外捉几只蝈蝈，并不那么容易，它生性喜欢在酸枣树、蒺（jí）藜（lí）苗等那些长刺扎手的植物上鸣叫，当你刚要走近去捉时，它便跳入杂草丛中，如果你拨开乱草寻找，找到的常常不是那英俊威武，善于唱歌的雄蝈蝈，而是笨拙丑陋，大腹便便，身体后面挎着把马刀的雌蝈蝈。原来它是听到雄蝈蝈的鸣声后，赶来幽会的，没想到身轻灵巧的雄蝈蝈早利用它那翠绿色隐身术“逃之夭夭”了，雌蝈蝈反而成为顶替的俘虏。

古书上有“男出征，女耕织”的说法，意思是出征打仗要男儿冲锋陷阵，女儿在后方耕田织布。那么蝈蝈为什么母的挎刀呢？原来在它身后拖挎的那把像马刀形的东西，是用来划破地皮在土中产下过冬卵的产卵器。

蝈蝈的产卵器，是由三对骨化很强的产卵瓣组成的。两对扁平的产卵瓣，把另一对中央有条狭缝的产卵瓣包在里面。三对产卵瓣借助互相关联的滑缝，组成一个中间扁宽，尖端稍细，并向上翘的很像是马刀形的产卵器官。

蝈蝈产卵前，也要四处游走，精心策划，选择向阳避风而且比较僻静的地方，先用产卵器试探地表的软硬程度，感到合适时才把地面划破，把产卵器斜伸到土壤深处，这时它便借助于产卵器中间的滑缝，向着纵的方向彼此移动的推力，把从腹部排出的卵粒产入土中。

呆头呆脑的雌蝈蝈产完卵后，也不知道修补一下产卵时在地面上留下的斑斑痕迹，便拖着它那已经合不拢的旧“马刀”和疲惫不堪的身体离去。那些在土中散乱着的，又没有任何东西保护的卵粒，常被严冬季节的暴风吹得裸露出来，遭到鸟类的啄食，损失了大半。那些埋得较深的，就依靠那层较厚的卵壳作保护，熬过严寒的冬天，待到春去夏来，百花盛开时节，孵化出一个个幼小的生命来。

蟋蟀和蝈蝈同属于直翅目，是一个大家族中的远房兄弟。可是蟋蟀的产卵器官却不是马刀形，而很像是倒拖着的一把“长矛”。这种“长矛”的构造比较简单，只由两块骨化较强的产卵瓣组成，中间的滑缝成为排卵的通道，产卵管的顶头像个三棱形的矛头，张开时酷似鸭子的嘴。

蟋蟀产卵时先摆好姿势，用六条腿支撑起身体，把产卵管几乎垂直地弯向下方,那鸭嘴状的矛头使劲往下锥,同时还在一张一合地运动着,在地上钻出个垂直的小洞。从体内排出的卵粒,通过产卵管,直接进入小洞的底部。当第一粒卵产下后,蟋蟀为节省点力气,并不把产卵管拔出地面,而是将身体变换一下角度,使矛头偏离开先产下的卵粒,再依次产下第二、第三粒……直到身体不能再倾斜时,才将产卵管拔出地面,再锥、再产,直到把肚子里的上百粒卵全部产完,才算尽到了一生的职责。

饲养过蟋蟀的人们常说:"二尾优,三尾孬",这是挑选好斗、喜叫蟋蟀个体的标准。

蟋蟀有二尾、三尾之分,也叫二枚子、三枚子。凡是雄蟋蟀的腹部末端,只有一对多毛的尾须,如一对尾须之间再多出一根像是长矛状的产卵管,便是不会叫、不能斗的雌蟋蟀了。只要能认清这个明显的特征,就容易鉴别蟋蟀的雄雌了。

雌蝉是把腹中的卵产在树木当年生长的嫩枝条上。蝉的产卵器官并不长,但是很锋利。产卵管是由一个带有倒刺和滑槽的中心片,两块带有锯齿的产卵鞘侧片组成,外面由革质化较强的第九腹板保护着。产卵时,雌蝉先用六条腿紧紧抱住树枝,伸出带锯齿的产卵鞘,刻划树枝的韧皮,并把木质部刺成小洞,带有滑槽的中心片借助腹部的压力,便把卵输送到小洞里,每洞产卵一二粒后,即移动产卵管,再重复前面的动作,直到把腹中的百余粒卵完全产出。一根细小树枝上约有20毫米长的范围内,被蝉产卵时锯得"皮开肉绽"。蝉产完卵,只是完成了生儿育女责任的一半,于是便后退到有卵枝条的下方,再用产卵器官上的锯齿,将枝条的韧皮锯出一条绕枝的圆圈。由于输导水分和营养的韧皮被破坏,前面一段带有卵的枝条便会枯干。寒冬来临,北风呼啸,枯干的枝条自破口处折断,落在地面上并被吹来的尘土埋没。翌年夏初进入雨季,隐藏在枝条内的蝉卵,在长时期的干渴之后,现在通过卵壳吸足水分,促使内部的胚胎发育。不久白胖的蝉幼破卵而出,挣扎着钻出枝条上的裂缝。蝉幼也不离开地面,而是用它带齿的前足,挖开土层去寻找赖以生存的"乳母"——树木的根,用它头上针状的嘴吸吮根内的汁液。蝉的这种产卵器官的构造，及其产卵方式和为繁衍后代的行为，可算是达到了非常巧妙的地步。

危害小麦的叶蜂属于膜翅目，叶蜂科，它们的产卵管很像是一把带齿的锯，产卵时把足骑在叶子的侧面，伸出锯子，在叶片的两层组织间划出一条月牙形的小缝，把卵有次序地产在里面。这时可不能用力过猛，不然会把叶片刺穿，“前功尽弃”。刺穿叶片即使勉强产下，卵也会暴露在外，被天敌寄生或吃掉，落了个“儿死代绝”的结果。

有着树木“卫士”称号的姬蜂，它能用头上的触角，在树干上敲敲打打，很容易地探测到隐藏在树干深处的天牛、吉丁虫等幼虫的确切位置。此时姬蜂似乎有了“囊中取物”、“唾手可得”的把握，便用足抓牢树干，摆出搭架子的姿势，前身下屈，粗壮的腹部连同产卵管高高举起，垂直地顶住树皮，头上的触角弯成锐角并紧贴在树皮上，像两根支柱，使整个身体像一台开钻前的钻井架。井架支好了，由第三产卵瓣选好钻孔，撤出并举向上方，再由第一二产卵瓣组成带有螺旋钻头的钻锥开始钻孔。坚硬的木质只靠压力钻不进去，六条摆成支架的腿便以钻点为中心开始转动，产卵管也随身体转起来。就这样压呀，转呀，钻呀，经过三四分钟后，约有 2 厘米深的木质被钻透，产卵管正好伸到树干内蛀食木材的幼虫身上，卵便顺着管中的滑缝产入幼虫体内。一只姬蜂要产下数十粒卵，就要探测到隐居树干深处的数十只幼虫，钻数十个产卵孔。可见姬蜂倒拖着的那根产卵管的功能之大，力量之强，耐人寻味。

也有些昆虫用来生儿育女的产卵器官，并不那么显眼，构造也较简单。如鳞翅目中的蝴蝶和蛾子，鞘翅目中的甲虫和双翅目中的蚊、蝇，它们的产卵器只是腹部末端逐渐变细的数节，互相套入，能伸能缩，这样的结构被人们称为伪产卵器。因为这些种的昆虫，并不把卵产在任何组织内，只是浅摆浮搁地把卵产在物体表面，不过这种产卵方式产下的卵，会被多种天敌寄生、啃食，或受到风雨、干旱等自然灾害的毁坏，而不能转化为家族中的成员。

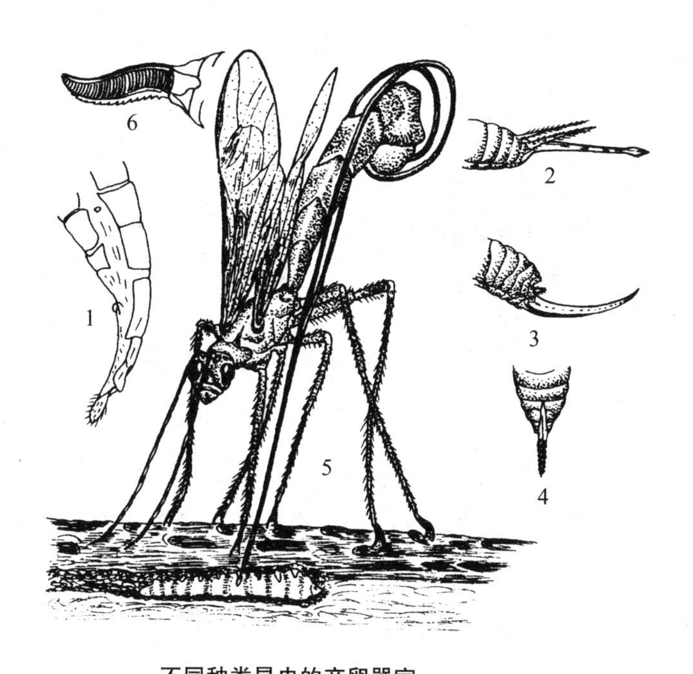

不同种类昆虫的产卵器官

1.蛾类的产卵器　2.蟋蟀的矛状产卵器　3.螽斯的马刀形产卵器
4.蝉的锥齿状产卵器　5.姬蜂用长锥状产卵器产卵
6.叶蜂的锯齿状产卵器

2. 内部器官

(1)呼吸系统　昆虫是以气管进行呼吸的,不断排出废气、吸进新鲜氧气以维持生命。陆生昆虫除胸部外,腹部1～8节的两侧体壁上,各有1个用来呼吸空气的小圆洞,叫做气门。气门的构造也很复杂,为了防止外界不洁物质进入,周围有较厚的几丁质气门片,这是气门的门框,框内有过滤空气的毛刷和起着开或关闭气门的栅栏,相当于气门的保险门。当昆虫进入不良环境或气候突变时,便立即关上栅栏门。气门的周围边缘还有着专门用来分泌黏性油脂的腺体,是防止水分进入气门内的特殊构造。气门连接着体壁下的主管道和布满全身支气管,将新鲜空气输送到各个组织细胞中去。

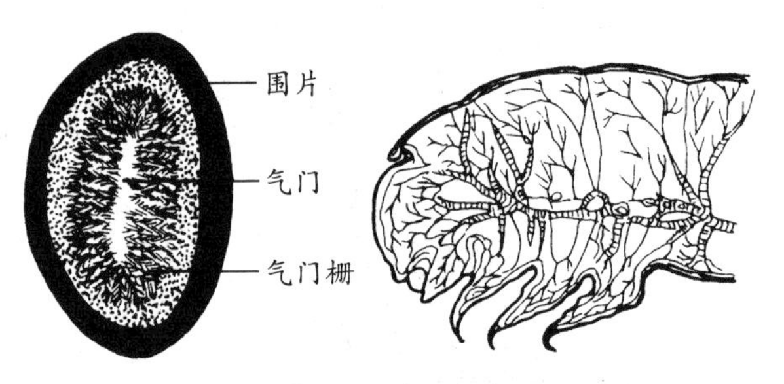

昆虫的气门构造及气管分布示意图
（鳞翅目幼虫）

生活在水中的昆虫，为适应特殊的生活环境，生长在身体两旁的气门退化了，而位于身体两端的气门相对发达。如危害水稻的根叶甲，是以腹部末端的空心针状呼吸管，插入稻根的气腔内，借助稻根中的氧来维持生命。龙虱的前翅下有贮存空气的气囊，当吸满空气后再潜入水中，便可长时间维持生命。空气接近用完时，便又上升到水面，以腹部末端翅鞘下的气孔透过水面膜，尽量充满翅鞘下的囊袋后再潜入水中，完成觅食、交配和产卵等生活过程。

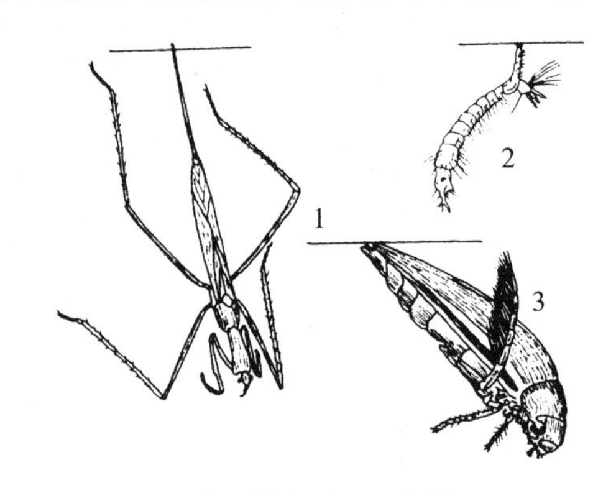

水生昆虫呼吸示意图
1.蝎蝽　2.蚊幼　3.龙虱

牙甲是通过触角刺破水面膜，吸入空气来充满腹面下方由许多拒水毛团绕着的气泡。水生昆虫体外携带着的气泡，不仅能够供应氧气，而且实际上形成一种物理鳃，用来吸收水中的氧。有一种叫做蝎蝽的水生昆虫，它们用来呼吸空气的是尾端拖着的那根细长管子，当它穿过水面膜时可进行呼吸。由于它们的身体细长，能贮氧的体积有限，因此常借助水生植物的茎秆，将身体固定住进行呼吸。有些种类的水生昆虫的幼虫，是通过身体两侧多毛状的气管鳃吸收水生植物进行光合作用后放出的氧来维持生命。

昆虫身体的内部构造,除气管和用来繁殖后代的精巢或卵巢外,还贯穿着完整的消化系统、神经系统和循环系统。

(2)消化系统　昆虫的消化系统是前连口腔、后达肛门的近似管状的构造。整个消化系统可分为三大段,即前肠、中肠和后肠。前肠的构造较为复杂。当昆虫进食前,食物经过口腔、咽喉、食道再送入嗉囊。生长着咀嚼口器的昆虫,在嗉囊之后还有一个用来磨碎食物的砂囊;生长着刺吸式或虹吸式口器的昆虫,因为吃到嘴里的食物是汁液,用不着再磨碎这道工序,砂囊也就退化了。

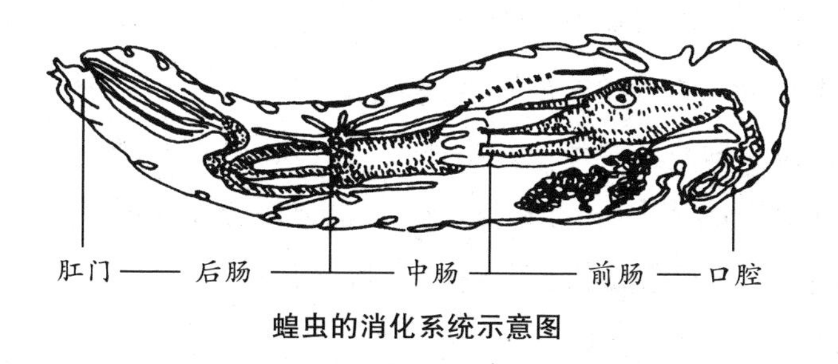

蝗虫的消化系统示意图

前肠之后紧接中肠(也叫胃),是消化食物的主要器官,同时也起着吸收已磨碎了的食物中营养的作用。中肠所以能消化食物,是依靠肠壁分泌的、含有比较稳定的酸、碱性消化液进行的。

中肠末端连着后肠,后肠按其功能又可分为回肠、结肠和直肠三部分。这一大段主要起着水分的吸收、粪便的形成和把粪便通过肛门排出体外的功能。昆虫的粪便因种而异,其造型过程也是在后肠中完成的。

(3)神经系统　昆虫的运动、取食、交配、呼吸、迁移、越冬、苏醒等一切生命活动主要是由神经系统来操纵的。神经系统的主要部分是中枢神经,它起着总调控和指挥的作用。由中枢神经上的各个神经节分出神经系通到内脏、肌肉及身体的各部位,并与所有感觉器官相连接。神经活动的物质基础是神经细胞,各神经细胞间因极其复杂的相互接触,将接收到的不同刺激信号传导开。在这种传递过程中,身体内的乙酰胆碱和胆碱酯酶两种物质起着十分重要的作用。没有这些物质的活动,神经和一切生理机能便都会失控,如果真到那时,生命也就中止了。

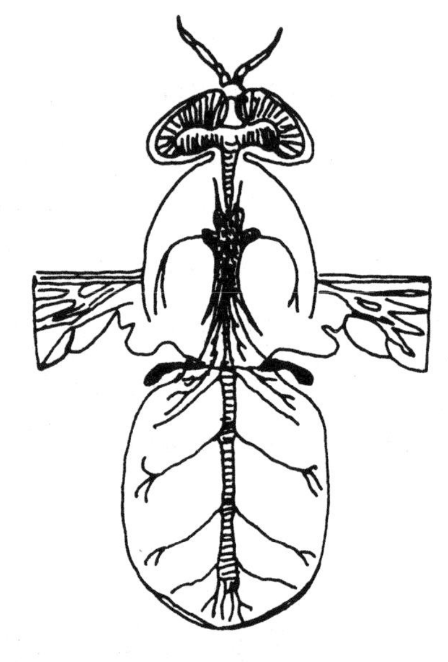

水蝇的中枢神经示意图

(4)循环系统　循环系统的主要器官是背管,位置在身体的背面中央,纵走于皮肤下方。昆虫的循环系统主要由心脏、大动脉、隔膜三大部分所组成。心脏是背管的主要部分,位于腹部一段,形成许多连续膨大的构造——心室。每个心室两侧有一对裂口,是血液流动时的进口,称为心门,心门边缘向内陷入的部分,是阻止血液回流的心瓣。每种昆虫心室的数量都不尽相同,一般有八九个,也有的合并或更多。如虱类昆虫的心室合并为1个,蜚蠊的心室则多达13个。

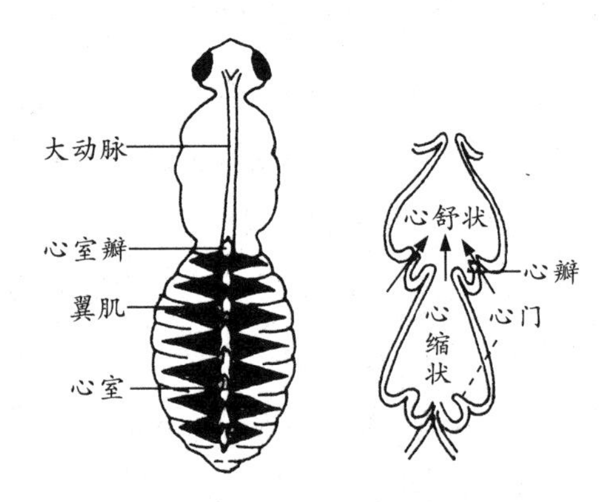

昆虫的循环系统示意图

大动脉是背管的前段,自腹部第一节向上,通过胸部直达头部。大动脉的前端分叉,开口于大脑的后方,它的主要功能是输送血液。昆虫的内部器官均位于体腔内,血液分布于整个体腔,因此,体腔也就是血腔。血腔由生在背板两侧的背隔膜和腹板两侧的腹隔膜分为三个窦。围心窦在背板下方，背隔上方，背管从中间通过。围脏窦在背隔与腹隔之间，消化道从中通过，并容纳着生殖器官。围神经窦在腹隔的下方，腹神经索从中间通过。在腹部背隔内的背管心脏部位由两层结缔组织膜构成，中间是环形肌，这些三角形的肌纤维由背板两侧达心脏腹壁，成对地排列着，这组结构叫做翼肌。翼肌的多或少与心室的数量相等。昆虫的血液循环，全靠心脏的跳动，通过心壁肌有节奏的收缩，先自后心室逐个将血液压送到前心室，如此不停地循环，维持着昆虫的生命。

综上所述，一只小小的昆虫有着如此多功能的节肢和复杂的输导网络，可称得上五脏俱全了。

五、昆虫的世代、发育、成长、语言

1. 世代

有些动物的一生要经过几十年,昆虫的一生往往只在很短的时间里度过。一般的一年过完二三代,有的一年内能完成好多代,危害棉花的蚜虫,一年中就要过完二十到三十代。有些种类完成一代需要一年或者稍长一点时间,如危害花生等作物幼苗的黑绒金龟子,一年完成一代;危害桑树的天牛,二三年完成一代。但是,在这短短的时间里,要经过复杂的、有规律的变化,这是其他动物中十分罕见的。

一只刚从卵里孵化出来的小虫,它的形状和身体的构造如果和成虫不一样,那么在它的生长过程中,就需要经过多次不同的变化。这些变化叫做变态。

有的昆虫从卵里孵化出来后,样子同成虫差不多,变态就简单;有的相差很多,变态就复杂些。因此昆虫的变态可根据简单与复杂大致分为四类。其中完全变态和不全变态,代表着昆虫中绝大部分种类。比完全变态更复杂的过变态和比不全变态更简单的无变态是比较少见的变态类型。

(1)完全变态又叫全变态　这类昆虫从卵里孵出来后,幼期的生活习性和结构同成虫完全不同,在一个世代中有四个完整的虫态:卵、幼虫、蛹和成虫。卵孵化出来的幼虫，经过几次脱皮变作蛹，由蛹再变为成虫。这类变态的昆虫在害虫中占着很大的数量，如黏虫、玉米螟、菜青虫、蚊、蝇、金龟子等都是。

全变态昆虫的幼虫和蛹从形态结构上来看，可以再分为一些不同的类型，这些类型能帮助我们认识不同分类范畴里的昆虫种类：

无头型幼虫。头和足已经退化，身体只能见到一个分节不太明显的圆锥形筒，利用节间的伸缩向前蠕动，吃东西时利用锥形的嘴钻到食物里去，大部分蝇类的幼虫就是这样。

无足型幼虫。有明显的头，可是足看不见了，因这类幼虫都是过着比较固定的生活，不用经常移动，足就慢慢地退化了。危害甜菜的象鼻虫幼虫，潜入桃树叶里危害的桃潜叶蛾幼虫，危害树木韧皮部的小蠹幼虫，钻蛀木材的天牛、吉丁虫幼虫和木蠹蛾等的幼虫，都是这个类型。有些书上把无头型和无足型归纳在一起称为无足型。

真幼虫型（也称为寡足型，就是有足但比较少的意思）。有明显的头，有三对发达的胸足，叫做真足，腹部的足没有了。移动的时候用胸足拖着身子。危害茄子的廿八星瓢虫的幼虫，危害瓜类的黄瓜守幼虫就是这个类型。

蠋型幼虫，也叫多足型。有明显的头，胸部有三对胸足，腹部有二到五对腹足的，如菜青虫和黏虫的幼虫。有八对腹足的幼虫，是膜翅目叶蜂类的幼虫，如危害麦子的麦叶蜂等。

幼虫老熟以后，就要寻找隐蔽的场所化蛹，到了蛹期就不会再移动了。

全变态的昆虫，不但幼虫期和成虫期在形态和结构上不一样，就是在生活习性上也不一样。黏虫的幼虫以庄稼的叶子为食料，成为农业上的大害虫，可是它变为成虫以后，就不再危害庄稼只吃些花蜜。叩头虫的幼虫是危害庄稼苗子的金针虫，可是成虫期就很少吃庄稼，只取食腐烂的物质。

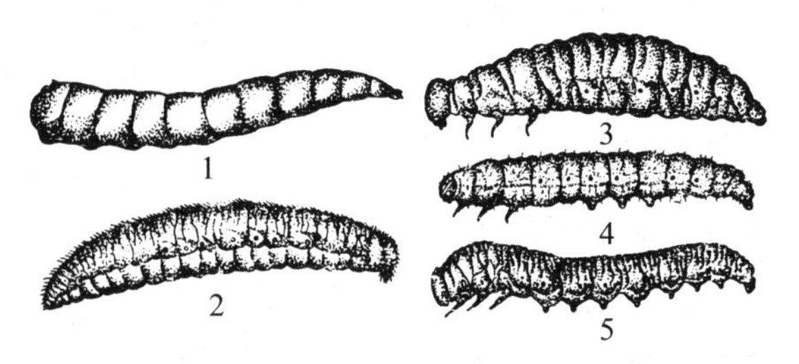

几种不同型的幼虫

1.无头型——蝇类幼虫　2.无足型——象甲幼虫
3.真幼虫型——叶甲幼虫　4.蠋型——夜蛾幼虫　5.叶蜂幼虫

(2)不全变态　也叫做渐进变态。这类昆虫的幼期从卵中孵化出来以后，身体的形状、结构和生活习性大体上和成虫相像，只是经过几次脱皮后，逐渐长大，比较显著的是翅膀由小翅芽发育到能飞的大翅膀，生殖器官由不成熟发育到成熟，中间没有显著的变态，也就是在幼期到成虫之间，没有经过蛹的时期。这类昆虫在害虫中有许多种，如蝗虫、棉蚜、稻飞虱等。幼虫期在水中生活的种类，如蜻蜓、蜉蝣等也属于这一类。不完全变态昆虫的幼期生活在陆地上的叫若虫，生活在水中的叫稚虫。

(3)过变态　以红眼黑盖虫(芫菁)为例。它的成虫是大豆、菜豆和土豆等庄稼的害虫，可是它们的幼虫却是专门吃蝗虫卵的益虫。这种虫子的一生变化比全变态更复杂，幼虫型也不完全一样。第一龄幼虫长着长腿，这是为了适应寻找食料的需要。当找到了蝗虫的卵块作为一生的食料后，长腿不再有用，第二龄就变成了短腿。过冬的时候为了防寒，又变成有硬壳的假蛹，来年春天再变成真蛹，羽化为成

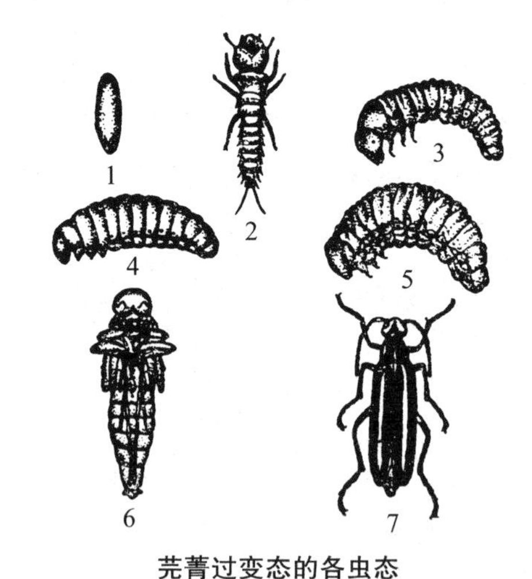

芫菁过变态的各虫态

1.卵　2.蛃型　3.蛴螬型
4.假蛹——象甲型　5.蛴螬型　6.真蛹　7.成虫

虫。这种变态叫做过变态或者复变态,意思是比完全变态又复杂了些。

(4) 无变态　这一个类型的昆虫,从卵里孵化出来以后,身体的形状和成虫十分相似,从幼期到成虫没有翅芽长成大翅的变化,只是由小长到大,生殖器官由不完全到发育成熟。咬衣服和纸张的衣鱼,还有跳虫、双尾虫,就属于这类变态,一般叫做无变态。在常见的农业害虫中,很少有这种变态的种类。

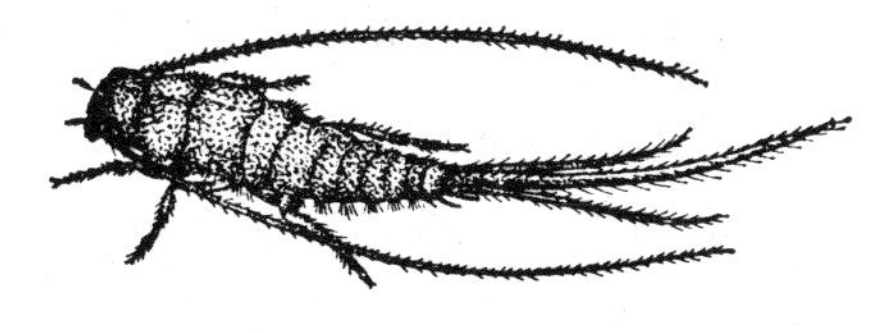
无变态昆虫——衣鱼

2. 发育

昆虫由小到大,大部分种类都要经过几个不同虫态的变化。从卵里孵出幼小虫体的过程叫孵化。幼小虫体经过几次脱皮,慢慢的由小长到大,长到最大的时候叫老熟幼虫。全变态的老熟幼虫在变作成虫以前,中间还要有个蛹期。由老熟幼虫到变蛹的过程叫化蛹。蛹期虽然不吃不动,但内部却发生激烈的变化,因此蛹期是昆虫由幼虫到成虫的转变阶段。最后由蛹变成能跳会飞的成虫过程,叫做羽化。在变化过程中,卵、幼虫、蛹和成虫的形态都不相同,每个不同的形态叫做一个虫态。

昆虫的一生一般都要经过几个不同虫态的虫期,或者叫做发育阶段。

(1)卵　卵自身不能移动,因此,成虫产卵的时候需要选择后代适宜生存的地方,一般是把卵产在可以供应幼期吃住的寄主上。

不同种类的昆虫,产的卵也不相同,有的单粒散产,如危害大豆的天蛾;有的许多粒产在一起叫做卵块,如玉米螟、黏虫的卵;有的许多粒产成一堆,如蝼蛄的卵。当卵成块或成堆产下时,常用种种方法加以保护,有的在卵块上覆盖有分泌物所形成的保护层,如苹果巢蛾的卵块;有的在卵块上覆盖着成虫身上脱落的鳞毛,如三化螟和毒蛾的卵块;蝗虫则把卵产在分泌物所形成的泡沫塑料状的卵袋里。卵的形状有的长,如白粉蝶的卵;

有的圆球状，如花椒凤蝶的卵；有的扁形像西瓜籽，如玉米螟的卵；有的许多粒在树枝上排列成指环形，如天幕毛虫的卵。有的卵粒很大，如金龟子的卵，在卵壁内贮备了胚胎发育时所需要的大量营养物质；有的卵粒很小，如卵寄生蜂，能用产卵管把它的形体很小的卵产在其他昆虫的卵内。产在寄主表面的卵，幼虫孵化后虽能立即得到食料，但易于用杀卵剂防治。而产在隐蔽处的和外有保护物体的卵，卵期既不受恶劣气候的影响又不受天敌的损害，也不易施药防治。

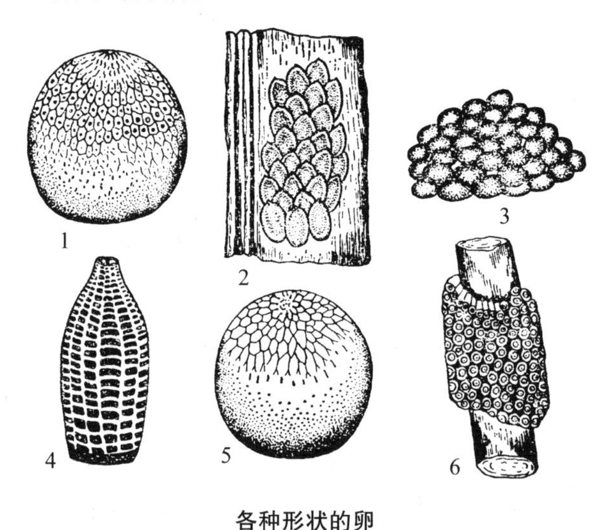

各种形状的卵

1. 大豆天蛾卵　2. 玉米螟卵　3. 蝼蛄卵
4. 白粉蝶卵　5. 花椒凤蝶卵　6. 天幕毛虫卵

不论哪种形状的卵，它们的构造大致相同，外面包着一层坚硬的皮，叫做卵壳，起着保护的作用，靠近卵壳里面的一层薄膜，叫卵黄膜，里面贮藏有营养的原生质和卵黄；中间有个细胞核，在适宜的温湿度下经过一段时间的发育，成为胚胎。

在放大镜或显微镜下细看，在卵的顶端有个小孔，叫做卵孔，是雄雌交配时精子进入卵内的通道。各种卵壳上都有不同形状的条纹、短毛和刺。靠近卵孔周围有各种花瓣形的纹，叫花冠区。花冠区的外围有各种纵棱和横格。从这些特征可以区别不同种类的卵。

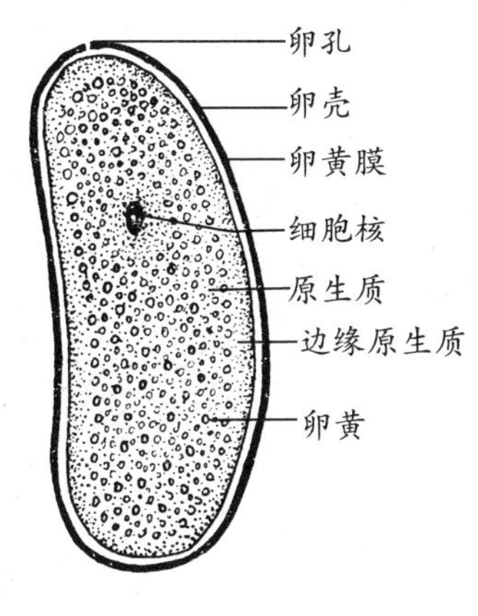

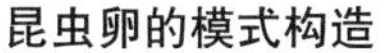
昆虫卵的模式构造

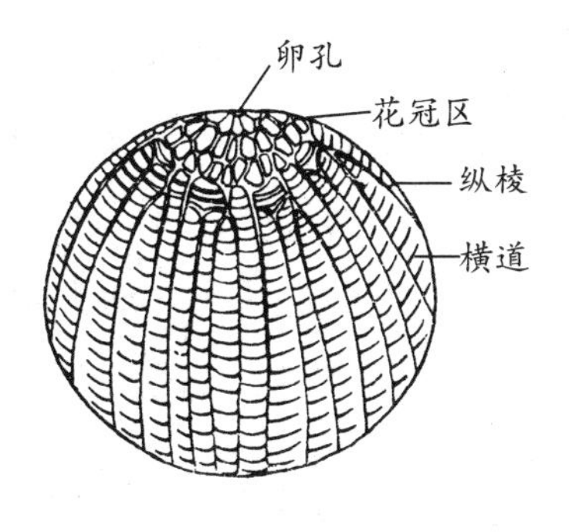

鳞翅目夜蛾卵的形状和构造

卵期是昆虫胚胎时期。从卵的外表看似乎是静止的，其实内部在进行着激烈的变化。

一般昆虫刚产下来的卵是白色、淡黄色或者淡绿色的，过些时候便变成灰黄色、灰色或者黑色，颜色的变化是卵里面的胚胎发育引起的。胚胎发育成熟以后，卵壳里的幼虫便用牙齿或头上的角、背上的刺把卵壳咬开或划破，先把头伸出来，然后全身爬了出来。

正在孵化中的菜白粉蝶卵——幼虫

卵的孵化时间很不一致，有的在白天孵化，有的在天黑以后或者晚上才孵化。

害虫的卵期，尚不能危害，我们应该设法在卵期消灭害虫，把害虫消灭在危害以前。

(2)幼虫　全变态种类幼虫的身体构造比较一致。生长在最前面的是头，头部比较明显的附肢是嘴和触角。不过幼虫时期的触角比起成虫来要短得多。头后面是胸，分为三个小节，每个节上长着一对足，将来就变成成虫的三对足。胸部后面到尾部的一段比较长，一般有十节，叫做腹部。鳞翅目的幼虫一般腹部长着五对足，如黏虫的幼虫，中间的四对叫腹足，从腹部的第三节到第六节每节都长着一对腹足，最后面的一对叫做尾足。有的只有一对腹足，长在第六节上，如槐树上的尺蠖，又叫步曲，俗称“吊死鬼”。腹部上的这些足在幼虫时期才有，变为成虫以后就消失了，因此也叫做假足。

放大后蛾类幼虫的腹足

腹足长得又粗又圆，在足的下面长着许多肉眼看不清的小钩，叫趾钩，幼虫就是依靠腹足上的这些小钩在寄主上爬行。

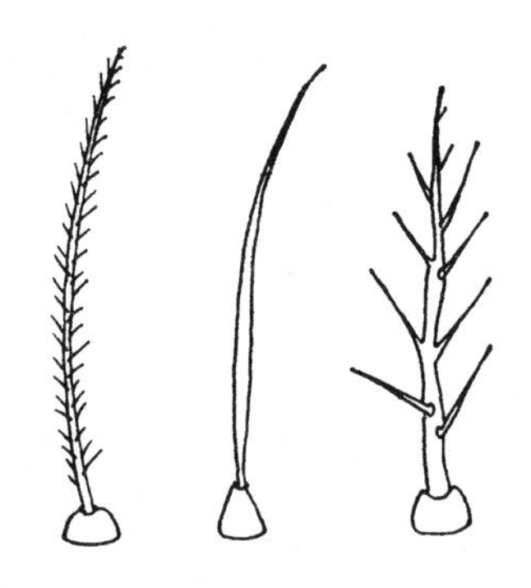
幼虫身体上各种形状的毛

幼虫身体上还有各种形状的毛，叫做刚毛，有的像丝状、有的像刺、有的像羽毛。此外，还有顺着身体纵行的不同颜色的条纹和花斑，在中央的一条叫背线，背线下面的一条叫亚背线，亚背线下面气门上面的一条叫气门上线，气门上的一条叫气门线，气门下面的一条叫气门下线，再下面的一条叫亚腹线，两只腹足中间的一条叫做腹线。知道了幼虫身体上的附肢和花纹的位置、名称，在交流虫情的时候，就可以用来作这方面的描述，使人们比较容易识别出是什么昆虫来。

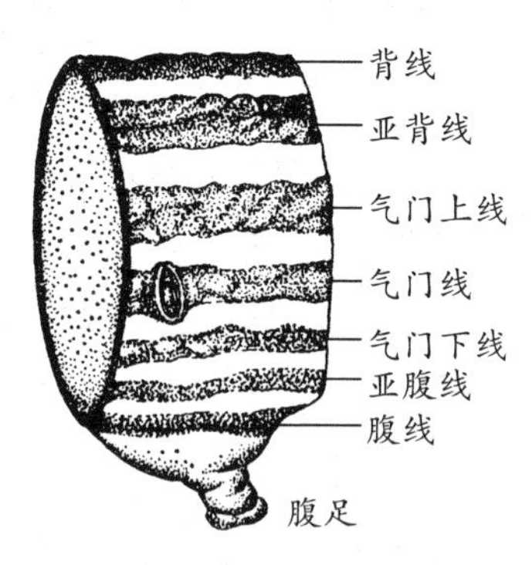

鳞翅目幼虫体色名称

幼虫期是昆虫的主要取食阶段，一般这个阶段经历的时间也比较长，因为幼虫期是为以后各虫态储备发育营养的基本虫态。

(3)蛹　是完全变态类幼虫过渡到成虫的一个中间虫态。幼虫老熟后，便停止取食，并将消化系统中的食物残渣完全排出，进入隐蔽场所准备化蛹。幼虫在化蛹前呈安静状态，这段时间叫做予蛹期。这时昆虫身体的外部结构在旧的表皮下，经过急剧的变化，然后脱去幼期虫态的皮化作蛹。

蛹期是昆虫发育过程中的又一个相对静止时期。这时的内部器官正进行着根本性的改造，先破坏掉幼虫时期的绝大部分内部器官，以新的成虫形态的器官来代替，担任这种破坏任务的，是血液中的血球细胞。幼虫期强烈取食所积累的营养物质，是蛹期生命活动能量的来源。

蛹期完全不动或少动。鳞翅目昆虫的蛹，只有腹部的第四到六节可以前后左右摆动。蛹的外面也包着一层透明的皮，在蛹将要化为成虫以前，一般的从皮外就可看到成虫的模样了。蛹的最上面是头，头上有一对大眼和下颚须，中间的一段大部分是胸部，胸上的附肢大部分在前面抱着，并把腹部的一部分盖住。这一段里有下颚须、三对胸足、触角和将来变成翅膀的部分，这些附肢下面是腹部第四节。在腹部第八或者第九节上有个小洞，是将来成虫的生殖孔，我们可用它来辨别雌雄。这个小洞生在第八节上的将来变成雌蛾，生在第九节上的将来变成雄蛾。第十节以后的末端有些小毛或刺，叫做臀棘，用以扒住茧或者贴在物体上。

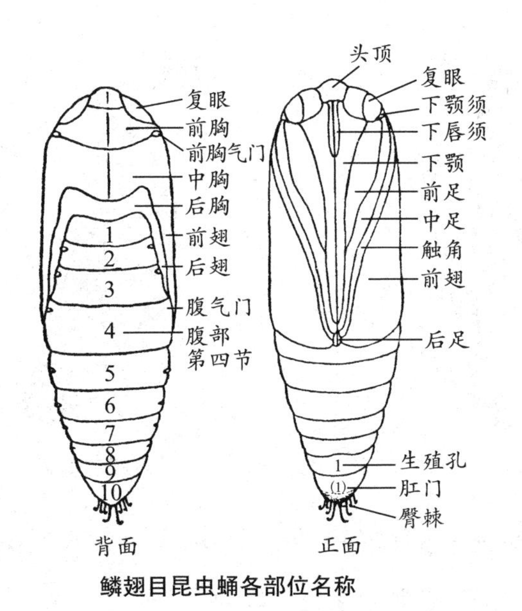

鳞翅目昆虫蛹各部位名称

有些种类的蛹外面包着一层东西，有的是老熟幼虫身体上分泌的黏液和泥土的混合物，有的是幼虫老熟的时候吐出来的丝，这层东西叫做茧。茧的用途是保护蛹的安全，预防气候突然变化。

蛹的形状很多，大致可以分成三种：

裸蛹：在这种蛹上，可以看到一些将来变为成虫时期的附肢裸露在外面，这些附肢虽然紧贴在蛹体上，可是又彼此游离能够自由活动，如蛴螬和许多种叶岬、象鼻虫的蛹都是这样。其中主要是鞘翅目和膜翅目昆虫的蛹。

被蛹：成虫时期的附肢，被一层坚硬而又透明的皮包着，虽然外面能看到附肢的影像，但附肢不能自由活动，如蛾类和蝶类的蛹。蝶类的蛹由于附着在物体上的形式不同，还可再分为带蛹和垂蛹。蝴蝶的老熟幼虫找到适当的化蛹地点以后，先在物体上吐些有黏液的丝，再将腹部末端与丝贴住，同时为了使头部向上避免掉下来，又围着身体和附着物牵上一根带子一样的丝，因此叫做带蛹。另一种蛹只是用黏液状的丝将腹部末端与物体贴连着，头向下倒垂着，叫做垂蛹。

凤蝶的带蛹

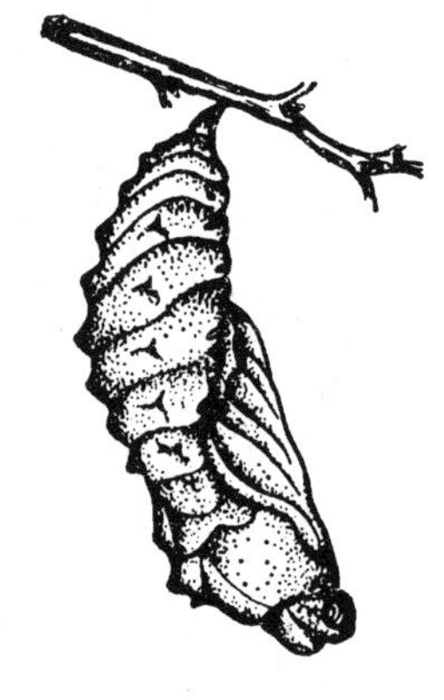
蛱蝶的垂蛹

围蛹：这种蛹被末龄幼虫的一层皮包着，不只身上的附肢不能活动，而且从蛹皮外也看不见，例如双翅目蝇类的蛹。

蛹一般不会动，也不危害，设法消灭害虫的蛹，可防止害虫将来危害。

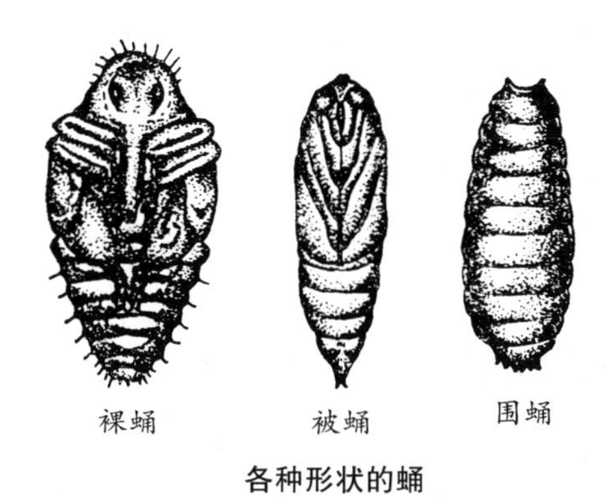

各种形状的蛹

(4)成虫　成虫是昆虫一生中的最后一个阶段，其主要任务是交配、产卵以繁殖后代。有许多种昆虫在到达成虫时期，生殖腺体已经成熟即能交配产卵，当完成生殖任务后即死去。但还有些种类的昆虫，刚羽化后大部分卵尚未成熟，还要经过取食，积累卵发育所需要的补充营养。

昆虫到了成虫期，样子已经固定，不再发生变化，这时雄雌性的区别也表现出来了。雄的触角一般比雌的要发达，感觉器也较多，这些感觉器能在很远的距离嗅到雌性生殖腺所散发的气味而被诱来交配。如小地老虎雌蛾触角为线状，雄蛾则为羽毛状；一种金龟子雄虫的触角比雌虫显著大，上面有感觉器5万个，能在700米内找到雌虫，而雌虫触角上的感觉器只有8 000个。此外，有的还表现在生活方式和行为上，如蝗虫、蝉、螽蟖等雄虫能鸣叫，可是雌虫没有这种能力。相反，雌虫能挑选将来幼虫所适应的寄主去产卵，有的种类如蝼蛄、蠼螋等雌虫对所产的卵和三龄前幼虫加以保护和饲养，这是雄虫所办不到的。

雄虫的身体一般比雌虫小而活跃，颜色比较鲜艳。这些现象到成虫期都达到了高度的发展，因此区分昆虫种类时常常以成虫为依据。

许多成虫不危害或危害不大，但却能大量繁殖后代，蔓延危害，所以我们要特别注意消灭害虫的成虫。

3. 龄期和脱皮

一只昆虫从卵孵化成为幼虫。幼虫期要脱几次皮，每脱一次皮就增加一龄，就像高等动物长大一岁一样。刚从卵里孵出来的小虫叫第一龄，脱过第一次皮叫做二龄，脱过第二次皮叫三龄，照此推下去，把幼虫脱皮的次数加上一就是幼虫的龄期。从脱完第一次皮到脱第二次皮之间的时间叫做龄期。幼虫脱皮的次数不完全一样，有的脱二三次皮，有的脱五六次皮，大部分脱四五次。幼龄幼虫食量小，一般尚未造成严重危害，抗药力也小，所以最好把害虫消灭在幼龄期，有些害虫要消灭在三龄前。

昆虫为什么要脱皮呢？因为昆虫不具有高等动物的骨骼系统，在它们的身体上担负着骨骼作用的构造是体壳，体壳兼有皮肤和骨骼两种作用，因此叫做外骨骼或体壁。体壁在昆虫身体各部分的厚薄不同，厚的和硬的部分叫做骨片，薄的软的部分叫膜。

蜜蜂的外骨骼

由于这层皮的限制，当幼虫长到一定阶段虫体不能再长大，就要脱掉旧皮，换上新皮才能继续生长。昆虫脱皮就成为生命中不可少的环节。由于昆虫的皮是由新陈代谢的产物造成的，所以脱皮也有排泄的作用。脱去的皮只是表皮层而真皮细胞并不脱掉。刚脱去皮的幼虫抗药力较弱，很多种幼虫又有吃去所脱的皮的习性，所以在害虫脱皮期间施药效果较好。

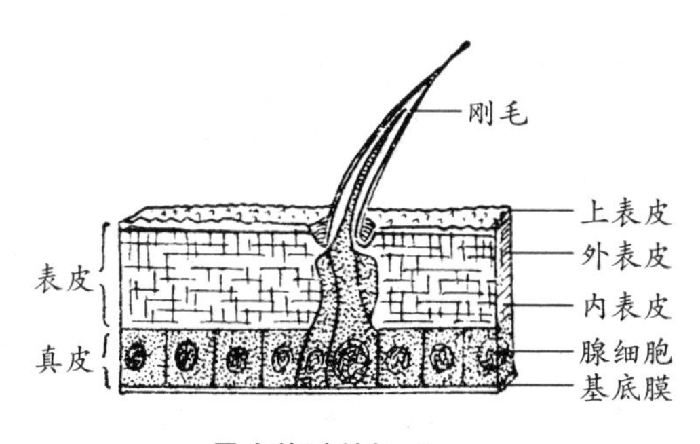

昆虫体壁的切面

昆虫的皮虽然很薄，但分层结构还很复杂。一般分为上表皮、外表皮和内表皮三层，上表皮是最外面、最薄的一层，它对阻止水分和农药进入体内起着重要的作用；外表皮是骨化层，骨片的硬化部分就在这里发生，因此颜色也偏深；内表皮最厚，有些种类还可分为许多层。

昆虫要脱皮时生理上发生了变化，最先表现的是停止取食，然后找个适合的地方，用足紧紧抓住，不吃不动地过上一段时间。在这段时间里，身体内的分泌器官分泌出一种叫激素的物质，把旧皮和真皮细胞分离开，在旧表皮下面渐渐形成新的表皮。新表皮形成后，便用力收缩腹部肌肉，同时吸进空气，使胸部膨胀向上拱起，用来压迫旧头壳和胸部背上表皮特别脆弱的地方，把旧头壳顶下来或者从背上裂条缝，然后靠着身体的蠕动，先把头和前胸脱出来，以后胸部、腹部慢慢地把旧皮脱掉。在水中生活的昆虫要脱皮时，除了身体内部产生脱皮激素以外，还借在水中呼吸空气的气囊压力，使身体膨胀，压迫背部裂条缝把皮脱下来。

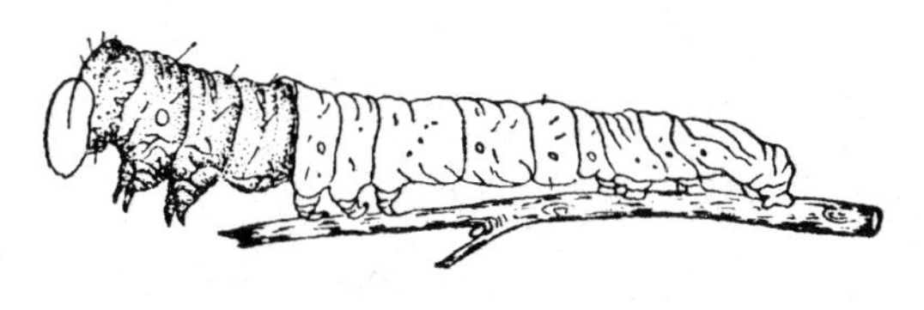

鳞翅目幼虫脱皮的形状

昆虫脱下来的皮是背部有裂缝的空皮筒。昆虫什么时候脱皮和脱皮所需要的时间各不相同。有的三五分钟就能脱下来，如蚜虫；有的需一二个小时，如蝈蝈；有的半天到一天才能脱完。

昆虫刚脱完皮后，新表皮的颜色很浅，也很柔软，但通过很短时间就会变暗变硬。这个过程实际上是上表皮中的蛋白质被鞣化的结果。昆虫脱皮后，内表皮还很薄，随着身体的生长也在不断的加厚。除此以外，不同种类昆虫的表皮上还会生长着不同形状的刚毛和枝刺，有的还能分泌蜡质。昆虫就借着这些附属物和表皮，来保护身体内的水分减少消耗，避免外界的有毒物质浸入身体并防止表皮受到损伤。

当杀虫剂接触害虫体后，就从体壁进入体内使它中毒死亡。不利的方面是：体壁外面的毛、鳞片和刺等是第一道障碍；体壁硬而厚又有较厚的蜡质层是第二道障碍；很多种甲虫，不但外壳坚硬，而且在翅鞘下面还有一空隙，也是农药进入虫体的障碍。有利的方面是：幼龄幼虫体壁较薄，抗药力就小。一般说来，同一昆虫的膜区体壁较骨片为薄；感觉器的体壁是最薄的，尤其是触角、足和口器的表面。每个感觉器就好像一个小窗子，那里的表皮最薄，里面连着司感觉的神经，所以感觉器就成了农药进入虫体的“通道”。很多接触杀虫剂都属于神经性毒剂，当杀虫剂进入这些通道后，就直接与神经接触，害虫很快就中毒了。上表皮的蜡质能够阻止水分、砷毒剂和氟素剂等无机杀虫剂透过，但多数脂溶性的有机杀虫剂易于通过蜡质层进入虫体，很多油类杀虫剂也易与蜡质混合并破坏蜡质的结构透入虫体。一般乳剂比可湿性粉剂的杀虫效果高，就是因为乳剂中的油起了运送的作用。因此，使用接触剂杀虫时考虑昆虫的体壁情况，以提高杀虫效果。

前面说过，昆虫的一生要经过卵、幼虫、蛹和成虫（有的没有蛹）几个虫态。一只昆虫完成了这四个虫态，就算过完了一个完整的世代。危害白菜的白粉蝶，从成虫产下来的卵，经过吃青菜的幼虫，变成不能移动的蛹，最后羽化为会飞的白粉蝶，这就是菜青虫的一个世代。

不论哪种昆虫，一般说一年中发生的世代越多，危害的时间也就越长，危害严重的可能性也就越大。

4. 语言

地球上只有人类——最有智慧的高等动物才真正会使用语言。语言在人类的日常交往中起着重要作用。在电信科学发达后，人们即使相距甚远，也仍然可以依靠有线、无线电话联系。

昆虫可不是这样，虽有口但不能从嘴里发出声音来。那么它们是怎样在同族间，特别是在两性间传递寻偶、觅食、防卫和避敌等信息的呢？原来昆虫有着多种多样不用言传的神奇语言。

（1）“化学语言” 昆虫传递信息的主要形式，是利用灵敏的嗅觉器官识别一些信息化合物。昆虫不像高等动物具有专门用来闻味的鼻子。它们的嗅觉器官大多集中在头部前面的那对须须——触角上。

生长在触角上的化学物质感受器官，是它们的嗅觉器官。不同种类昆虫的触角形状不同，长在上面的嗅觉器官样子也不一样，有的像板块，有的呈尖锥形，有的像凹下去的空腔，有的就像鸡身上的羽毛。

一些雄蛾的感受器是羽毛状的，就像电视机上的天线，可左右上下不停地摆动，以接受来自不同方位的气味。据科学家们验证，家蚕雄蛾的一根触角上，约有 1.6 万个毛状感觉器。蜜蜂一根触角上的感受器可多达 3 000～30 000 个。它们接受气味的能力非同小可。舞毒蛾的雄性可感受到 500 米以外雌蛾释放出来的气味。一种天蛾能感受到几里以外同种异性的气味，其敏感程度足以达到单个分子的水平。昆虫利用气味传递信息的方式，叫做“化学语言”。

蚂蚁（属膜翅目，蚁科），是人们经常见到的生活在地穴中的社会性昆虫。蚂蚁出巢寻找食物，总要先派出“侦察兵”。最先找到食物的，在返巢报信的途中，遇到同巢的成员时，先用触角互相碰撞，然后再用触角闻几下地面，这样不但通过气味信息传递了食物的体积大小，存在的方向和位置，而且也指出了通向食物的路径。蚂蚁的这种通讯方式，被称为“信息化合物语言”。这种语言只是在同一种昆虫之间传递。

一般昆虫释放的信息素可分为：性信息素、报警信息素、追踪信息素和聚集信息素等。

蚂蚁在用触角接触动作传递信息

①性信息素：松毛虫（属鳞翅目，枯叶蛾科）是松树的大敌。繁殖严重时，常将松针吃光，其惨状酷似“过火林”。人们利用雌蛾释放出来的性信息素防治它，可收到很好的效果。方法是将雌蛾装入纱笼中，悬挂在松林内。当雌蛾释放的化学气味借助风力和空气流动传递给雄蛾时，不但告诉它雌蛾的存在，而且连位置、距离远近都一清二楚地传递了出来，便于雄蛾追踪。

近几年，不少果园在利用人工合成的梨小食心虫（属鳞翅目，卷蛾科）性信息素时，发现了一个有趣的现象，当果农傍晚从果园中穿过时，梨小食心虫成虫总是跟随他们飞舞，甚至用手逐赶也不肯离去，有的还竞相往果农口袋里钻。后来才悟出其中奥秘。原来果农的口袋里曾经装过人工合成的梨小食心虫诱芯，诱芯散发出来的气味经久不散，导致了上述现象的出现。性信息素这一看不见、摸不着、人闻不到的特殊气味，在同种昆虫之间却有着如此强烈的“爱也爱不够”的魅力。

同是一种蛾子释放出来的性信息素，成分结构却十分复杂，作用也不尽相同。有的 2 ~ 3 个组分，有的 7 ~ 8 个组分。越是组分多，显示在气味语言中的作用越离奇。雌蛾用性信息素把雄蛾诱来，雄蛾在它身旁停下求爱、交配。这多情多意的过程，就是利用释放性信息素的不同组分或不同浓度，来表达不同的"语言"的。

②报警信息素：万里长城上的烽火台，是古代人类用来报警的建筑。那时的人们在发现异常情况或受到外敌侵袭时，总是用呐喊、敲锣、击鼓、鸣号、放烟火等手段报警。现代的报警装置有电铃、电话、电传等。

昆虫的报警则是释放一种多属于萜(tiē)烯类的化学物质，它能以此巧妙地告诉同伙，灾难来临，要提高警惕，设法自卫或逃避。

蚜虫(属同翅目，蚜科)的体型很小，只能以毫米计算，但它们的报警能力却很强。当蚜群遇到天敌来袭时，最早发现敌害的蚜虫表现兴奋，肢体摆动，并及时释放出报警信息素。同伙接到信息后，便纷纷逃离或掉落地上隐蔽。

蚜虫受到天敌侵袭时放出报警信息素

有句俗话说："捅了马蜂窝，定要挨蜂蜇"。马蜂蜇人，名不虚传。特别是一种非洲蜂与巴西蜂杂交产生的叫做"杀人蜂"的蜜蜂，它们的后代不但毒性强，而且性情凶猛，曾蜇死数百人畜。在实验过程中逃跑的一些蜂，开始在亚马孙河流域迅速繁殖，不久即蔓延到巴西各地，疯狂袭击人畜。它们随后即向南美大陆进军，甚至有侵入美国南部各州的趋势。因而美洲一些国家不得不考虑对付这些毒蜂的策略。这种群袭人畜的疯狂行为，也是报警信息素在起着作用。

即使是一些不知名的马蜂，自卫的本能和警惕性也很高，只要侵犯了它们的生存利益，担任警戒任务的马蜂，会立即向你袭来。一旦被一只马蜂蜇了，就会很快遭到成群马蜂的围攻。这是因为马蜂蜇人时，蜇针与报警信息素会同时留在人的皮肤里。人被蜇后的最初反应是捕打，信息素的气味便借助打蜂时的挥舞动作扩散到空气中，其他马蜂闻到这种气味后，即刻处于激怒的骚动状态，并能迅速而有效地组织攻击。

通过对马蜂释放的报警信息素的提取化验，已知道其主要成分属于醋酸戊酯，有香蕉油气味。因此，一旦被马蜂蜇后，可用5%的氨水或含碱性物质擦洗，有止痛消肿的作用，这是使酸碱中和的结果。

③追踪信息素：一些过着有组织的社会性生活的昆虫，常分泌这种信息物质，借以指引同伙寻找食物或归巢。有一种火蚁，在它们外出时，不断用蜇针在地面上涂抹，遗留下有气味的痕迹，形成一条“信息走廊”。无论寻食或归巢便都沿着这条走廊往返通行，从无差错。

蜜蜂外出采蜜时，当一只工蜂发现蜜源后，便在蜜源附近释放出追踪信息素，用来招引其他蜜蜂。即便是携蜜回巢后，仍可靠这种信息，往返于蜂巢与蜜源之间。据观察，这种信息可传递数百米远。已经查明蜜蜂释放的信息素的主要成分是柠檬醛和牻(máng)牛儿醇化学物质。

白蚁以木材为主要食料。当它们在寻找适合的木材和生活环境时，常是有次序地成行结队按一定路线行进，人们称之为“蚁路”。蚁路是由工蚁腹部第五节的腹面分泌的“追踪信息素”涂抹成的长久不衰的信息路。

科学工作者曾做过这样的实验：将蚂蚁的追踪信息素涂在蚁洞外，可引诱一些蚂蚁出洞，涂抹的浓度高，它们便倾巢而出，甚至能将大腹便便的蚁后引出洞外。如果把这种化学物质在地上涂成个大圆圈，蚂蚁便沿着这个圆圈不停地转起来。

④聚集信息素(也叫集结信息素)：它的作用就像吹集合号一样。属于鞘翅目，小蠹科的小蠹虫，专门在长势较弱的树木皮下危害。当少数个体

找到适合它们寄生的树木时，便从后肠释放出一种信息素，这种化学物质与寄主树的萜烯类化合物互相作用后，就能发出集合的信号，使远处分散的同类聚集飞来，集体取食危害。当所生存的寄主树木的营养降低，或条件变劣时，在原寄主上的小蠹成虫又开始分泌这种物质，意在告诉同伙，这里已不适宜生存了，该搬家了。于是它们能在很短的时间内，纷纷钻出树皮，成群结队飞迁到更适合的树林中去生活。

（2）“舞蹈语言” 蜜蜂往返花间，采集花粉归巢酿蜜。同时又为植物传粉作媒，使其结果传代，因而成为人类生活中的好帮手。

蜜蜂经过长期驯养，已成为蜂箱中的固定住户。它是怎样找到远处蜜源植物，又是如何判断蜜源的方向和距离呢？过去人们对蜜蜂的这种生活本能了解得很少。直到19世纪20年代，奥地利的著名昆虫学家弗里希对蜜蜂的活动进行了细心的观察和研究后，才揭示了这一鲜为人知的秘密。原来蜜蜂除利用追踪信息素寻找蜜源外，还用一种特殊的“舞蹈语言”来传递信息。

在蜜蜂的社会生活中，工蜂担负着筑巢、采粉、酿蜜、育儿的繁重任务。大批工蜂出巢采蜜前先派出“侦察蜂”去寻找蜜源。侦察蜂找到距蜂箱100米以内的蜜源时，即回巢报信，除留有追踪信息外，还在蜂巢上交替性地向左或向右转着小圆圈，以“圆舞”的方式爬行。其他工蜂领略了侦察蜂的意图后，便跟随它到蜂箱四周去寻觅有香味的花朵。如果蜜源在距蜂箱百米以外，侦察蜂便改变舞姿，在蜂巢上先沿直线爬行，再向左、右呈弧状爬行，这样交错进行。直线爬行时，腹部向两边摆动，称为“摆尾舞”。如果将全部爬行路线相连，很像个横写的“8”，即“∞”，所以也叫“8字舞”。直线爬行的时间越长，表示距离蜜源越远。直线爬行持续1秒钟，表示距离蜜源约500米；持续2秒，则约1 000米。侦察蜂在做这种表演时，周围的工蜂会伸出头上的须须，争先与舞蹈者的身体碰撞，这也许是从它那里了解信息吧！

侦察蜂跳的“摆尾舞”，不但可以表示距离蜜源的远近，也起着指定方向的作用。蜜源的方向是靠跳“摆尾舞”时的中轴线在蜂巢中形成的角度来表示的。如果蜜源的位置处在向着太阳的方向，便做出头向上的爬行动作；如果蜜源在太阳的相反方向，便做着头向下的爬行动作。为了适应太阳的相对位置与蜜源角度的不断变化，舞蹈时直线爬行的方向也要随时以向着太阳的逆时针方向转动的方法加以调整。太阳的方位角每小时变化15°，蜜蜂的直线方向也要相应逆时针转动15°。如遇阴雨天，利用舞蹈定位的方法就有点失灵。蜜蜂还会及时变换招数，依靠天空反射的偏振光束来确定方位，及时回巢。

人们也许要问，工蜂在黑洞洞的蜂箱里表演的各种舞蹈动作，其他同伙是怎样领会到的呢？原来它们是利用头上颤抖的触角抚摸工蜂身体时，使“舞蹈语言”转换成“接触语言”而获得信息的。这种传递方法，有时也会失灵。为此它们还要利用翅的不断振动，发出不同频率的“嗡嗡”声，用来补充“舞蹈语言”的不足和加强语气的表达能力。

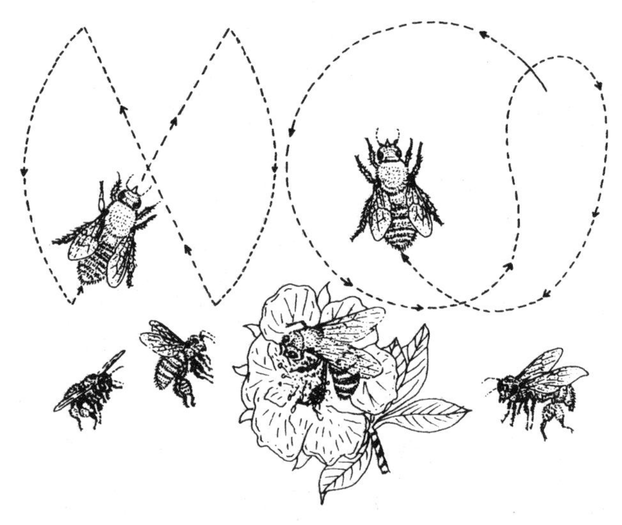

蜜蜂之间用舞蹈动作表达语言

鳞翅目昆虫中的蝶类，也常以“舞蹈语言”来表达同种异性之间的情谊。雌、雄蝶自蛹中羽化出来后，便选择风和日丽，阳光明媚的天气，在林间旷野和百花丛中追逐嬉戏。它们时高时低，时远时近，形影不离地跳着

"求爱舞蹈"，以表达各自的衷情。尽情飞舞后，便挑选将来儿女们喜爱的寄主植物停留下来，用触角互相抚摸。当雌虫接受求爱后，才开始"洞房花烛之欢"。雄蝶离去，雌蝶方产下粒粒受精卵，达到传宗接代的目的。

四点斑蝶的求爱"舞蹈语言"更为奇特。当雄、雌个体性成熟后相互接近时，雄蝶便温情脉脉地扇动双翅，在雌蝶周围缓慢地作半圆圈飞舞，以示求爱。雄蝶飞舞几圈后，雌蝶便不停地摆动触角，以表示接受求爱。此时两者靠近，互相用足和触角去触碰对方的翅缘。然后才安静下来，共享欢乐。

雌雄软尾凤蝶，可以说是天生一对，地成一双。雄蝶体色素雅，白衣白裙，衬有黑、红花斑；雌蝶体色浓艳绚丽，黑衣褐裙，镶嵌红色花边。自蛹中羽化为蝶后，它们情投意合，形影不离。流连于花间，用"舞蹈语言"互相倾诉柔情。传说中梁山伯与祝英台所化之蝶，就是美丽的软尾凤蝶。

（3）"灯语"　以灯光代替语言传达信息，在人类生活中早已有之。特别是指挥交通的各种灯光信号，保障了交通安全。就连儿童都知道："绿灯走，红灯停，要是黄灯等一等"。

其实，早在人类发明灯语之前，身体渺（miǎo）小的昆虫就已经巧妙地利用灯语进行通讯联络了。

夏日黄昏，山涧草丛，灌木林间，常见有一盏盏悬挂在空中的小灯，像是与繁星争辉，又像是对对情侣提灯夜游。如果你用小网，把"小灯"罩住，便会看到它是一种身披硬壳的小甲虫。由于它的腹部末端能发出点点荧光，人们便给它起了个形象的名字——萤火虫。

萤火虫在昆虫大家族中属于鞘翅目，萤科。它们的远房或近亲约有2 000种。

萤火虫是一种神奇而又美丽的昆虫。修长略扁的身体上带有蓝绿色光泽，头上一对带有小齿的触须分为11个小节。三对纤细、善于爬行的足。雄的翅鞘发达，后翅像把扇面，平时折叠在前翅下，只有飞翔时才伸展开；雌的翅短或无翅。

萤火虫的一生，经过卵、幼虫、蛹、成虫四个完全不同的虫态，属完全变态类昆虫。

萤火虫怎样发光？发光的用意是什么？这些都是少年朋友们感兴趣的问题。萤火虫的发光器官，生长在腹部的第六节和第七节之间。从外表看只是层银灰色的透明薄膜，如果把这层薄膜揭开在放大镜下观察，便可见到数以千计的发光细胞，再下面是反光层，在发光细胞周围密布着小气管和密密麻麻的纤细神经分支。发光细胞中的主要物质是荧光素和荧光酶。当萤火虫开始活动时，呼吸加快，体内吸进大量氧气，氧气通过小气管进入发光细胞，荧光素在细胞内与起着催化剂作用的荧光酶互相作用时，荧光素就会活化，产生生物氧化反应，导致萤火虫的腹下发出碧莹莹的光亮来。又由于萤火虫不同的呼吸节律，便形成时明时暗的“闪光信号”。人们经过研究，把其发光的过程，列一简单的公式：

$$\text{荧光素}+\text{氧气}\xrightarrow{\text{荧光酶作用}}\text{发出荧光}$$

萤火虫体内的荧光素并不是用之不竭的，那么它们不间断地多次发光，能量又是从何而来的呢？原来能量来自三磷腺苷（简称 ATP），它是一切生物体内供应能源的物质。萤火虫体内有了这种能源，不但能不间断地发光，而且亮度也较强。只有发光结构还不能发光，还要有脑神经系统调节支配。如果做个实验，将萤火虫的头部切除，发光的机制也就失去作用。萤火虫发光的效率非常高，几乎能将化学能全部转化为可见光，为现代电光源效率的几倍到几十倍。由于光源来自体内的化学物质，因此，萤火虫发出来的光虽亮但没有热量，人们称这种光为“冷光”。

不同种类的萤火虫，闪光的节律变化并不完全一样。一种美国有的萤火虫，雄虫先有节律地发出闪光来，雌虫见到这种光信号后，才准确地闪光两秒钟，雄虫看到同种的光信号，就靠近它结为情侣。人们曾实验，在雌虫发光结束时，用人工发出两秒钟的闪光，雄虫也会被引诱过来。另有一种萤火虫，雌虫能以准确的时间间隔，发出“亮—灭，亮—灭”的信号来，雄虫收到用灯语表达的“悄悄话”后，立刻发出“亮—灭，亮—灭”的灯语作为回答。信息一经沟通，它们便飞到一起共度良宵。

有一种萤火虫，雄虫之间为争夺伴侣，要有一场激烈的竞争。它们还能发出模仿雌虫的假信号，把别的雄虫引开，好独占“娇娘”。

车胤借助萤光勤奋读书

萤火虫能用灯语对讲的秘密，最早是由美国佛罗里达大学的动物学家劳德埃博士发现的。他用了整整 18 年的时间研究萤火虫的发光现象。可见揭开一项前人未知的奥秘并非易事。

“囊萤夜读”的故事，已载入教科书中。说的是有位叫做车胤(yìn)的穷孩子，读书很刻苦，就连夜晚的时间也不肯白白放过，可是又买不起点灯照明的油，他就捉来一些萤火虫，装在能透光的纱布袋中，用来照明读书，后来竟成为有名的学者。这也算是萤火虫的一种实用价值吧！

萤火虫为人利用在非洲也有记载。非洲有种萤火虫，个体大，发的光也亮，当地人捉来装入小笼，再把小笼固定在脚上，走夜路时可以照明。

我国古书《古今秘苑》中有这样的记载：“取羊膀胱吹胀晒干，入萤百余枚，系于罾(zēng)足网底，群鱼不拘大小，各奔其光，聚而不动，捕之必多”。

除萤火虫外，还有许多昆虫，它们只有在夕阳西下，夜幕降临后才飞行于花间，一面采蜜，一面为植物授粉。漆黑的夜晚，它们能顺利地找到花朵，这也是“闪光语言”的功劳。夜行昆虫在空中飞翔时，由于翅膀的振动，不断与空气摩擦，产生热能，发出紫外光来向花朵“问路”，花朵因紫外光的照射，激起暗淡的“夜光”回波，发出热情的邀请。昆虫身上的特殊构造接收到花朵“夜光”的回波，就会顺波飞去，为花传粉作媒，使其结果，传递后代。这样，昆虫的灯语也为大自然的繁荣作出了贡献。

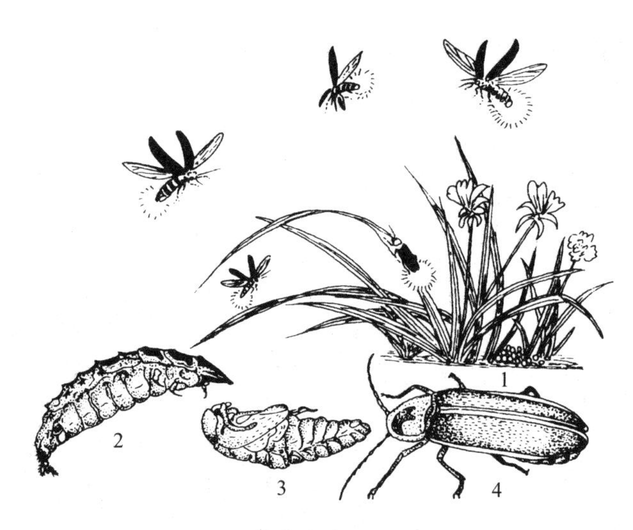

萤火虫的一生

1.卵　2.幼虫　3.蛹　4.成虫

（灯语联系：同族聚会）

（4）声音通讯　昆虫虽然不能用嘴发出声音来，却可以充分运用身体上的各种能发声的器官来弥补这一不足。昆虫虽无镶有耳轮的两只耳朵，但它们有着极为敏感的听觉器官（如听觉毛、江氏听器、鼓膜听器等）。昆虫的特殊发音器官与听觉器官密切配合，就形成了传递同种之间各种"代号"的声音通讯系统。

我国劳动人民早已对不同种类昆虫声音通讯的发声机理和部位有所认识。我国古籍《草木疏》上说"蝗类青色，长角长股，股鸣者也。"《埤雅》上说"苍蝇声雄壮，青蝇声清聒，其音皆在翼。"已明确地将不同昆虫的"声语"分为摩擦发声和振动发声。

东亚飞蝗属于直翅目，蝗科，是农业的一大害虫。旧社会由于治蝗不力，成群结队的飞蝗能将庄稼吞食一空，造成饥荒，因而有"一年蝗，十年荒"的说法。河南省一带也把"水、旱、蝗"三大灾害相提并论。

蝗虫为什么能成群结队迁徙，有时停留暴食一场，有时落地停息却个个不张口吃上一嘴，又骤然起飞远离呢？形成这种现象的原因，虽多在体内生理机制变化方面，但蝗虫的"声音讯号"也起着极为重要的作用。

东亚飞蝗的发声，是用复翅（前翅）上的音齿和后腿上的刮器互相摩擦所致。音齿长约 1 厘米，共有约 300 个锯齿形的小齿，生在后腿上的刮器齿则很少，但比较粗大。要发声时，先用四条腿将身体支撑起，摆出发音的姿势，再把复翅伸开，弯曲粗大的后腿同时举起与复翅靠拢，上下有节奏地抖动着，使后腿上的刮器与复翅上的音齿相互击擦，引起复翅振动，从而发出“嚓啦、嚓啦”的响声。

摩擦发声大多是由 20 ~ 30 个音节组成，每个音节又由 80 ~ 100 个小音节组成。发出来的声音频率多在 500 ~ 1 000 赫兹之间，不同的音节代表着不同的讯号。因此，音节的变换在昆虫之间的声音通讯联络中有着重要作用。

蝗群暴食时，个个都只大口咀嚼植物叶片，从不发声，像有点“做贼心虚”。要结队起飞前，先由“头蝗”发出轻微的擦击声，周围的蝗虫也跟着遥相呼应，声音越来越大，随之双翅抖动，噗噗之声顿时传遍四面八方，像是发出了起飞号令，于是千万只飞蝗倏忽飞起，转眼之间便形影皆无。

据报道，家蝇翅的振动声音频率为 147 ~ 200 赫兹。国内有人研究过八种蚊虫的翅振频率，不同种类、不同性别均不相同。八种蚊虫的翅振声频可达 433 ~ 572 赫兹，而且雄性明显高于雌性。农民有句谚语：“叫得响的蚊子不咬人”，就是这个道理，因为雄蚊是不咬人的。

人们耳朵听得到的声音频率在 20 ~ 2 000 赫兹之间。有些昆虫翅膀振动的频率不在这个范围以内，人们就只能看见它们的翅膀在振动，听不见它们的“电传密码”，不能成为它们的知音。

前面说的只是昆虫的“声语发报机”的结构及其作用。那么昆虫的“收音机”又是什么样子呢？昆虫接受声音的器官，叫听觉感受器，不同种类昆虫的听觉器官各有千秋，其生长部位也不是千篇一律。有些昆虫身上的毛有听觉功能，这种毛不但比一般毛长，而且还会左右摆动，毛的基部仅有一个感觉细胞与体内神经相连。由于这种毛结构简单，对声波的反应灵敏度也很低，感受声波频率的范围只有 400 ~ 1 500 赫兹。这种听觉毛一般长在触角、尾须或身体的表面。例如直翅目中的蟋蟀、螽蟖、蝗虫，蜚蠊目中的蟑螂等尾须上的感觉毛，当感受到一定频率范围内的声波后，常出现警觉、停食、躲藏等反应。

双翅目中的按蚊成虫的感觉毛，是由触角鞭节上的很多长毛组成的毛环，这种感觉毛叫江氏听器，含有3万个感受细胞。由于这种毛较细，容易被音波粒子的运动改变形状，再通过粒子能量的激发，从而产生触角电位，然后经梗节内的江氏听器传到感觉神经系统，引起神经冲动，表现出各种各样的听觉反应来。江氏听器在听觉器官中最为灵敏，对350～550赫兹的低频率音波接受力最强且准确。

蝴蝶和蛾子的幼虫，身体表面大多生长着不同颜色的密集长毛，爬动起来形象不雅，让人生厌。这些长毛中有的也起着听觉作用，对每秒钟振动3.2万～10.2万次的音波可产生反应。当一只幼虫在植物上爬动或正在取食时，尽管是稍稍地接近它，它也会停食，将身体收缩改变原来形状，甚至会掉在地上装死，以逃避敌害的侵袭。

昆虫中“声音语言”的巧妙运用与灵敏度，已有点像人类使用的“手机”和“传呼机”，但其“语言”与听觉器官的相互作用，是否已具有人类发音与收音之间的那种密切连带关系，还需进一步探讨。

六、昆虫的行为

昆虫为了谋求生存,不得不在较短时间内作出快速的反应。为了做到这一点它们必须迅速地将各种感觉器官监听到的信息传递到神经节及各运动机制,再作出不同形式的反应。

在昆虫演化过程中,由于淡化了细致的模仿能力,相对来说却增强了经过刺激作用而产生的反应能力,这就是人们常说的行为反应。

昆虫的表现行为有两种:遗传行为(先天的)和模仿行为(后天学来的)。遗传行为或先天行为也常称为本能,是昆虫对各种外部刺激如机械感受、化学感受、光感受及热感受等作出的反应。模仿则是昆虫从生活过程经验中学来的。因此,同一个物种的不同个体具有两种行为。

1. 基本反应行为

基本反应行为主要表现形式为遗传行为。最简单的遗传行为表现是条件反射。当然这种反射是由神经系统完成的。反射表现也很复杂，一般是按某个部位即成组的或有次序的发生,这种次序调控,是在中央神经系统的神经球进行协调反应实现的。

昆虫最常见的反射行为是光反射，即人们经常提到的趋光性和逆光性。光对于昆虫的昼夜活动，起着决定性作用。绝大多数昆虫的活动如飞翔、取食、交配产卵以至卵的孵化、成虫羽化,均有各自的活动时间表,即昼夜规律。这些也就成为种间的特性，也可称为有利于该种昆虫的生物学习性。因此，人们把白天活动的昆虫，称为日出性或昼出性昆虫；把夜间活动的昆虫，称为夜出性昆虫；把黎明或黄昏活动的昆虫称为弱光性昆虫。

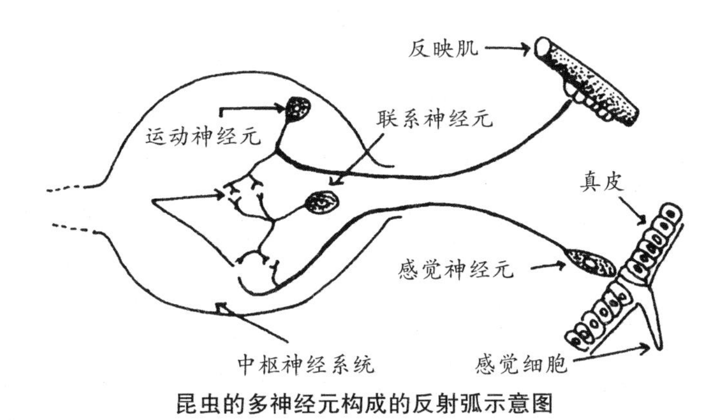

昆虫的多神经元构成的反射弧示意图

昆虫的活动节律性，除与对光的条件反射有关外，也与它们所捕食对象的日或夜出性有着密切关系。现代人们在防治有害昆虫或收集有益昆虫时，已对它们的趋光性及逆光性加以利用。

昆虫接收光照的时间及对光温的高低都有着不同的反应。飞行中的昆虫，不可能有固定的路线，但可利用太阳光，再配合地面目力可视的物体导航。如膜翅目中的地蜂、蜜蜂、胡蜂，当它们选定了巢的位置后，便在巢的周围作短距离数次飞行，以侦察地形和物体，确定巢的方位，待日后在采蜜归来时，便可准确无误地直奔巢位。如果巢位变更，就明显地表现出重新定位飞行过程。昆虫还能利用经光源反射出的植物叶片或花朵上的不同颜色，

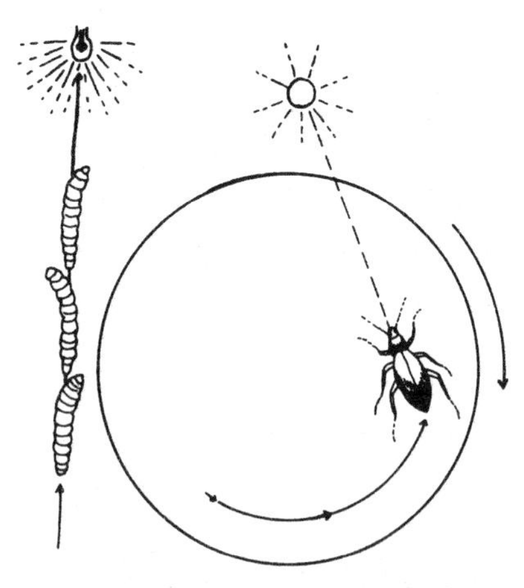
正趋向昆虫的向光性及在旋转平台上对固定趋向的爬行轨道

来选择可口的适宜食物。

2. 扩散迁移行为

昆虫所具有的迁移、扩散、聚集行为，不外乎是为找到充足而适宜的食源和优越的生活环境。昆虫的迁移扩散可分为被动及主动两种类型。

(1)被动扩散迁移　被动扩散迁移包括气流、水流、人为携带。被动迁移往往多发生在昆虫从无翅型转变为有翅型的季节，或虽主动转换寄主但尚未固定下来之前，也见于飞翔觅食过程中。季节性转换季主时，如遇强大阵风或气流，对体型较小的种类如蚜虫、蓟马、叶螨等表现明显；日间活动的体小翅大而薄的昆虫种类如蝴蝶、蜻蜓等，当它们飞行在花间觅食、湖泊饮水、追逐异性交配时，如遇空气水平运动的速度超出昆虫种类固有的飞行速度时，常常不自主地被带到远方，这会因强迫迁移而脱离寄主及其适宜生活的环境而不能再繁衍后代，或因强风力、气流、水流折损昆虫肢体而造成大量死亡。强制性扩散、迁移对某些昆虫的种群保护极为不利。

(2)主动扩散迁移　这里所涉及的主动迁移，是指某些种昆虫的生殖生活中不可缺少主动迁移行为。这种现象多表现在体型大、食源广、群居性强的一些种类中。如蝗虫大发生时，常数以万只至千百万只以上为群体，过群居性生活，当食物被吃光时就必须飞迁，寻找新的食源。又如飞蝗产卵时必须选择滩涂、沼泽、湖泊岸边等适宜的繁衍后代场地。这种行为是主动而有目的性的。舞毒蛾的一龄幼虫表现出非常确切的、依靠风力转移扩散生活范围的行为。舞毒蛾的卵多集中于清晨孵化，待到中午时幼虫便都爬到树木的枝条顶梢并吐丝下垂，当地面高湿蒸发产生的水平和垂直气流达到最高流动速度时，它们便借助气流垂丝摆动，直到风力大得将它们吹离丝线时，便顺风迁移到新的寄主植物及生活环境中去了。此时幼虫身体两侧的长毛，也增加了漂浮力，这就使它们的扩散面积增大、距离加远。

昆虫的扩散迁移行为，无论是被动的或主动的都既能获得遗传的或生态上的利益，同时也有增加基因库混合的机遇。从生态角度讲，迁移可使某一个种离开恶劣或拥挤的环境，找到食源丰富及种群稀疏的生境，获得新的生存条件。研究随着迁移昆虫的离开或到来而发生的大规模种群变化，在对害虫危害程度的评估，以及制定治理措施上都有着重大的实际意义。

3. 信息传递行为

昆虫能够利用触觉、视角、听觉以及其他化学方法进行种类间的通讯，而许多种昆虫又可利用综合的方法来指挥和调控其行为，以便履行一定的生物学的功能。例如，为了繁衍后代的目的，昆虫可产生特殊的气味、发出奇异的声音，将许多分散生活的个体集合起来，而后由于包括视觉暗示的和追求行为进行配对，雄虫随之释放出挥发性的催化剂，或用触摸刺激雌性引诱其进行交尾。昆虫的一系列行为涉及多种通讯方法。

（1）化学通讯　昆虫化学通讯涉及一系列的化合物，统称为激素。它是由特殊的成分组合成的，由特殊的腺体分泌，在特定的时间释放，能抑制或者起到特定的生物学功能。昆虫体内的激素可协调昆虫内部的生理变化与行为过程，如脱皮、滞育等；而散发到体外激素（称外激素）则可协调种群个体之间的生理和行为活动。因此，外激素可起到生殖、聚集、集体防御、调整种群密度等多方面的作用。

在鳞翅目的蝶、蛾类中，外激素分子可被雄性羽状触角上的成千个嗅觉感受器所接受。当雄虫触角上的感受器截获“召唤”中的雌虫气味时，便飞入带有气味的气流中，直到找到雌虫为止。绿尾大蚕蛾的雄虫能在7千米外找到放在诱笼中的雌虫。对具有两性异体的梨步蛐和枣步蛐（雌性无翅），化学通讯尤为重要。

昆虫（眼蝶）的化学通讯示意图

蚂蚁在远途离巢觅食不会迷路，是因为它们在行走时即布下了“蚁路”。这种路线是由蚂蚁释放的弥雾状小滴的外激素作标记形成。白蚁可由腹部特殊腺体产生的外激素来标记行走路线，并能召集和示意工蚁快速修补遭到破坏的蚁道。

（2）听觉通讯　声音也是昆虫在不同距离内的联系方法，这种声音是昆虫身体上的机械感受器受到波动的结果。昆虫发声的方式有几种类型：通过不同的活动产生；身体的某一部分碰击物体产生；身体上两个表面互相摩擦产生；由膜震动和气流搏动产生。

蝇、蚊类双翅目昆虫常利用翅的拍打发出声响来寻找并能将两性集合在一起，如埃及伊蚊的雄性可被已成熟的雌性飞翔时的拍翅声调来，但未成熟的雌蚊发出的声调对雄蚊不起作用。

蝗虫利用粗壮的后足胫节敲击地面，其声音通过地面传导的低频率振动反射，能将同种的异性或多个同性个体集合起来。直翅目中的蝗科、螽斯科、蟋蟀科以及半翅目中的蝽科和部分鞘翅目中的甲虫，可用身体上两部分的表面，或依靠特种形状的齿拨动发出音响。有些种类的某些部位有着不同形状的脊状结构形成的

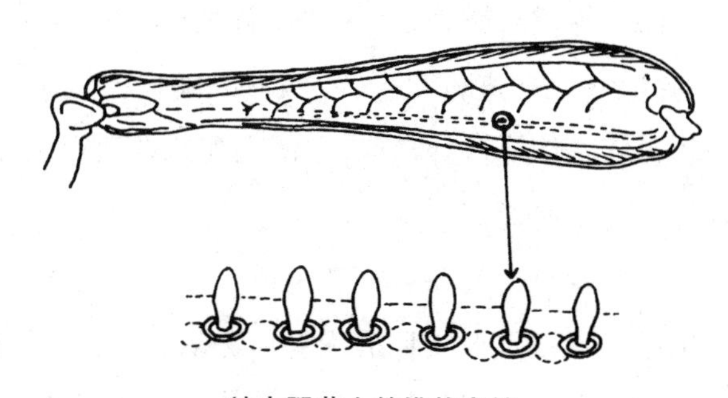

蝗虫腿节上的排状音锉

摩擦器或音锉，这些结构之间的移动可发出声音。这些不同的声音有召唤、求爱、交尾、攻击和报警等作用。

蝉的发音是由肌肉驱动的膜发出声音。这种“卡扎”的声响，只有同种雌蝉才能成为知音。

鳞翅目天蛾科面形天蛾亚科中的一些种类，可通过搏动气流发出声音。它们是通过咽喉的扩张吸收空气，而涌进来的气体使内唇发生振动，便发出搏动物体似的低调，空气被排出时又发出尖锐的“吱吱”声。天蛾发出带有恐吓性的音响，可用来逐敌，起到了保护自身安全的作用。

（3）视觉通讯　在同种个体之间通过直接视线，是短距离通讯的有效方式，其表现形式为发光，因此也可称光通讯。典型的能发光且用光通讯的昆虫是鞘翅萤科的一些种类。

萤火虫的发光系统是由7 000～8 000个大型的发光细胞构成的，这些细胞成排地分布于腹部末端的表皮下。发光细胞排列成圆柱形，每个细胞间有主气管与神经相通，然后经过侧支与微气管相连接，由微气管把吸进的氧气输送到发光细胞附近。发光器中的荧光素化合物在荧光酶的作用下，经氧化发出光来。雄萤火虫在空中飞翔时发出荧光，这时在草丛中栖息的无翅型雌虫，便发出回敬光信号，诱来雄虫交配，而幼期发光除有逐敌作用外，还可用光聚集同族围捕较大猎物或分享食物。

（4）触角通讯　触角通讯只有在多个体集合到一起时才有效。昆虫在性成熟时，常通过细腻的触摸达到求爱的目的。蚂蚁在交换探路、觅食、互相保卫等信息时，常见的动作就是彼此间的触角碰撞。螳螂经过雄雌触角的接触后，即进行交配，不久雌螳螂便回过头去小心地用上颚咬下雄螳螂的头部并作为食物吃掉，这使交配活动变得更为有利于卵块的饱满以及卵粒受精率的提高。

（5）报警、集合和征召通讯　报警与集合是昆虫用于防御、采集食物等生活过程以及保持种群优势所必需的。当一只蜜蜂遇到来犯者时，最初的防御动作是伸出螯针、螯刺，同时体内的毒腺及杜氏腺也随着螯针上的倒钩遗留在被螫者的皮肤里。在螫刺放出的同时昆虫释放出一种叫做醋酸异戊酯的化合物,其他蜜蜂接受到这种高度挥发的物质后,便进入警戒状态。危险过去后,报警激素也随之消失。

昆虫种间的识别,在营社会生活的类群中尤为重要。蜂王在同一个巢中,不但体型与其他蜂种有别,而且受到尊敬,这是因为蜂王分泌的气味物质也与其他蜂种不同所致。一只有生命活力的蜂王,对它自己蜂群有惊奇的控制权。当另一巢的蜜蜂或其他昆虫"偷渡"进来后,由于气味不同,便受到群起攻击,展开一场逐敌战,这显示了气味在蜜蜂群中的独特群体效应。

4. 攻击和防御行为

昆虫的防御是为了自身的安全而演化出来的机制,有的竟达到令人难以置信的地步。昆虫的防御机制较为常见的有:

(1)动作行为上的防御　昆虫中最直接的动作防御,即三十六计中的走为上计。对体型小而且能迅速加快运动速度的昆虫来说,跳跃和飞逃是两种极为有效的防御方法,任何曾经尝试过用手捉蚂蚱、抓苍蝇的人都可证明这一点。

大青叶蝉在生活的植物茎秆上横行,但却要设法躲避天敌的窥探和猎取。

昆虫的另一种防御方法是反射性坠落。稍有动静即坠落在杂草或灌木丛中,使侵犯者难以找到。这种现象常见于鞘翅目中的多种瓢虫、象鼻虫成虫以及鳞翅目中的部分幼虫。这种假死行为和诈变的姿态能有效地吓跑敌手,或使其暂时停止进攻而给自己造成借机逃脱的机会。巴西天蛾幼虫在遇险时,可将身体变曲显示出鳞甲形状的斑纹,并前后、左右摇摆,宛如一条小蛇,这对敌手可起到恐吓的效果,螽斯为了避敌,动作上也可一反常态,借以逐赶敌手。

(2)构造上的防御　有些种昆虫的体壁革质化程度很高,即使鸟类也难以啄破。鞘翅目昆虫所以能冠以这种目名,就是因为它们的外壁极为坚硬,难以被破坏。

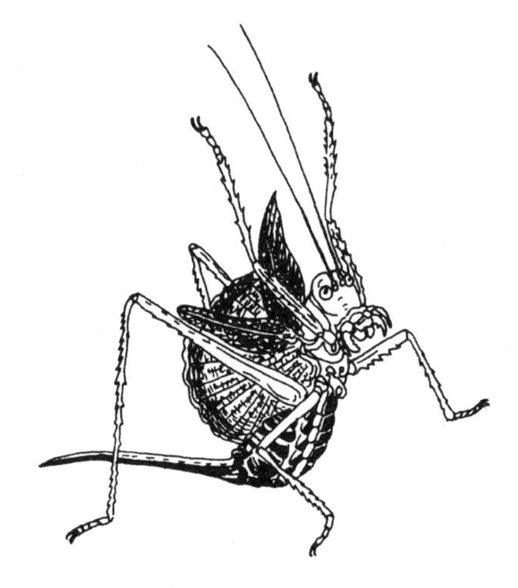
螽斯的恐吓姿势

蚂蚁的兵蚁,头壳和大颚极为发达和坚硬，它们常用头上的大颚进攻敌人,护卫王宫,或用头来堵塞蚁道,阻挡侵略者袭击。

革翅目中的蠼螋,腹部末端总是拖带着一对骨化程度很高的尾夹,它不但用来保护幼儿,逐赶侵入巢中的敌人,也是用来猎食的利器。

欧洲蚁的护巢行为
(用大颚堵塞巢口)

多种昆虫的幼体上有变形的刚毛、枝刺,这些构造与体内的分泌毒液腺细胞相连,当与人体接触后,会使人皮肤痛痒。这种变形的密集毛可阻止食虫动物吞咬,也增加了寄生性天敌在其体外产卵的困难。

(3)化学防御　在陆生的动物类群中,昆虫表现出了广泛而多样性的化学防御能力。昆虫的化学防御从广义上讲可分为三种:利用口器分泌有毒化学物质;利用体壁腺体分泌有毒化学物质;利用螯针注入有毒物质。

当人们用手捉到一只蝗虫或蝈蝈时,它们便从口中吐出浓绿色的黏液。据说这种黏液的作用与一种可抵抗蚁类的人工合成杀草剂的作用类似。

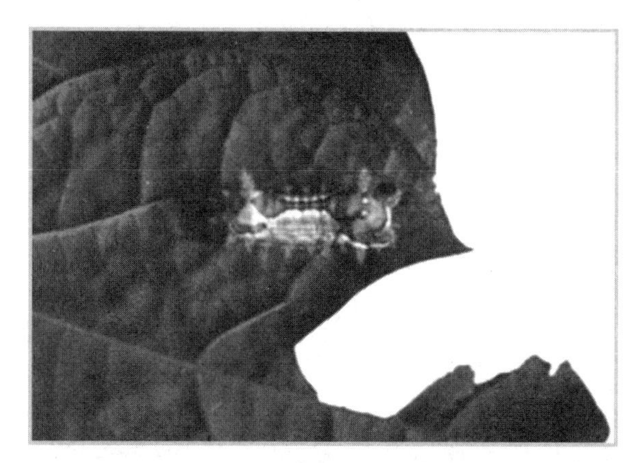

刺蛾幼虫

（身上的枝形刺与人的皮肤接触后可使人痒痛）

昆虫用于防御的大多数化学物质，大都可以用来阻止敌害的进攻。如果这些物质的浓度较大，也具有较强的杀虫性。有些昆虫分泌的化学物质以毒性为主，如鞘翅目芫菁科昆虫，它们体壁中所含有的叫做斑蝥素的物质，则是强烈的黏膜刺激剂和发泡剂。同是鞘翅目中的隐翅甲，它们的身体腹面有可向外翻出能分泌“隐翅甲素”的腺体，与人体接触后可引发皮炎。步甲科的“放屁虫”在从肛门中排放防御性气体时，不但能听到气体向外的冲击声，还可闻到刺鼻的硫黄味。这种防御机制是腹腔外与表皮间的气囊，由腺体所分泌的氢醌(kūn)与过氧化氢就贮存于囊中。当两种化合物进入表皮室，并与室中的催化酶接触时，发生的反应就造成了氧化气的突然排放。

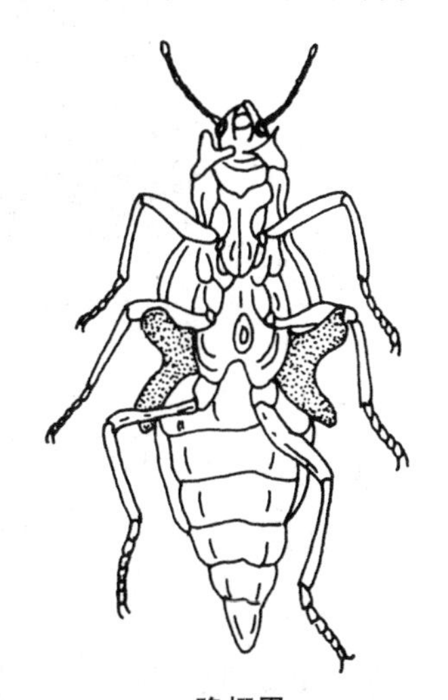

隐翅甲

（示其身体腹面翻出的毒腺）

(4)迷彩防御　昆虫的迷彩防御可归纳为保护色彩、警戒色彩、拟态三种类型。保护色也可称为伪装，这种保护形式能否成功，取决于所选择的栖息处与背景的配合。一只有隐蔽特点的个体在停止下来时，必须快速地选择合适的背景，而且要有较长时间静止不动的本能。鳞翅目中的枯叶蛾,竹节虫目中的竹节虫,它们不但要选择有枯叶或竹枝的地点停留,而且还可配合植物作出随风摆动的姿态来。

尺蛾科的幼虫,常利用其幼期只有两只腹足的特点,斜立于树木枝条上,酷似一根截断了的枝头。昆虫表现出来的同型现象是与无生命的枯枝相似模拟现象。这种拟态现象除个体体色与栖息处相似外,还有随季节及环境而转换的季节性变化。

尺蛾幼虫(拟态)模拟无生命物体枯枝的形象

在自然界中,即使是最完善的伪装也难骗过所有天敌,因此,许多昆虫便演化出第二线的色彩防御,又可称骤变花样。这种效应的基础是求得物像的快速转换,使追逐者丢失目标。

鳞翅目中的鸮目大蚕蛾,它们在正常休息时,为缩小体积,常用前翅遮盖住后翅，但当天敌入侵,就迅速的移动前翅，展现出后翅上的眼斑，因为这种眼纹极似猛禽中鸱(chī)鸮(xiāo)鸟的双目。眼形斑实际起着双层作用,一是转换目标,

大蚕蛾
(示其展翅时后翅上鸮目形圆斑)

二是制造恐怖作用。

有些自身没有抗拒天敌能力的昆虫,用模拟有抗拒能力并具有抵御天敌构造的昆虫外形来御敌,成为“狐假虎威”的拒敌方法。经过长期谋求自身防卫能力的演化,有些形态已成为多种昆虫大同小异的拟态环,这种现象常表现在如鞘翅目的天牛、半翅目的蝽象、鳞翅目的蝶类及膜翅目的蛛蜂之中。

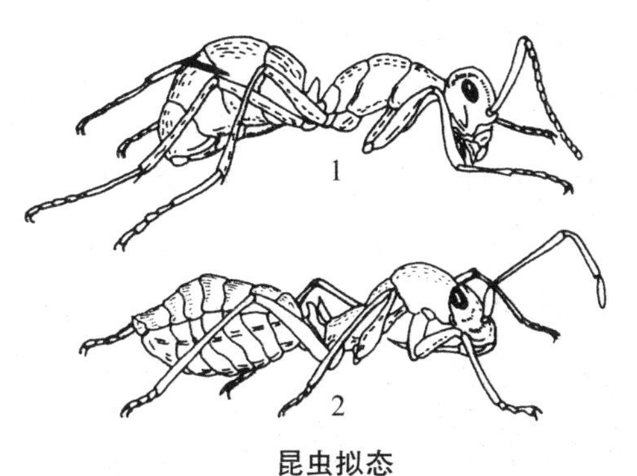

昆虫拟态

1.模型蚂蚁　2.模拟种蝽象

还有些可称单色模拟种类,它们的身体构造很相似。蚂蚁不但能用分泌的蚁酸进行防御,依靠庞大的群体以及在洞穴中生活的优势保护自己,而且还常帮助体型相似的蝽象,不但允许它成为洞穴中共生的常客,而且蝽象在猎食蚁卵和幼蚁时,蚂蚁似乎也并不介意,这可能是被蝽象的这种拟态所欺骗了。

(5)营造防御　大多数昆虫在生活过程中,都要寻找临时性或永久性保护所。正常情况下昆虫会隐身于天然缝隙中、砖石块下,还有不少种昆虫能建造各种形式结构的巢穴,其精美程度可说是巧夺天工。

有些种昆虫的居住场所,只不过是它们取食后的副品。蛀食性昆虫在木质部中开掘隧道,就既为自己取得了可口的食物,同时又创造了绝对安全的居住场所。芳香小蠹还能在隧道中,用作为食料的真菌来养育儿女。同翅目中的蚜虫、鳞翅目中的多种螟蛾幼虫,能使被取食的叶片扭曲、蜷缩或将叶片用丝缠连成巢,用来隐蔽取食,同时也保护了自己。黄猄树蚁用集体的协调动作,将多片树叶缀连成

因昆虫取食使寄主卷缩而形成的庇护

巢，成为生儿育女及其大家族的庇护所。

虫　瘿
（植物受害后而形成的不同形状增生组织）

人们常看到植物的茎秆上，有着多种形状、大小或颜色不同的畸形构造，有的表皮外层还有着纤毛、刺、斑、瘤等不同的装饰，这些物体被人们称为虫瘿。虫瘿的形成是由于植物受到伤害时产生活跃分生组织的细胞快速修补伤口的结果，这是昆虫的幼虫取食后的相关物理刺激的产物。同时昆虫在取食时产生消化酶，消化酶用与植物酶有相同的作用机理，将淀粉转化为糖。多余的营养物质刺激植物细胞原生质，能使植物细胞额外分裂。这样植物与昆虫便都从中都受益。造瘿的昆虫种类主要有缨翅目中的蓟马、同翅目中的蚜虫、鞘翅目中的象虫、膜翅目中的缨蜂、双翅目中的瘿蚊以及鳞翅目的鹿子蛾等。以上举例也称为被动营造。

主动营造的例子在昆虫中更为普遍。如螳螂产卵时营造的卵鞘；蓑蛾幼虫织造的蓑袋；蚧壳虫的变形外壁以及在水中生活的襀翅目和毛翅目昆虫，它们的幼虫能在水底选用水草、砂石、甲壳类动物碎片，用丝缚成多种形状的管道，不但保护了身体，也可作为捕食工具。

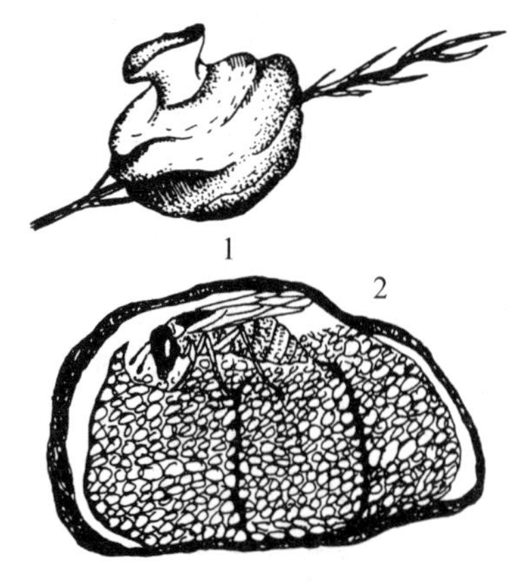

膜翅目蜾蠃蜂营造的巢
1. 壶形巢　**2.** 筒子楼形巢

膜翅目中多种蜂类所营造的巢可说是千姿百态，而且结构也十分讲究。马蜂和胡蜂的巢室多为六边六角形，这样的设计不但可节省建巢材料，也增加了巢壁的支撑强度。

蜾（luǒ）蠃（guǒ）蜂的育儿巢，是用衔来的泥巴掺和上成蜂的咽液建造成的。巢里面的结构竟是筒子楼形状，每个幼儿均有自己的单间，又有多个单间合用的外罩，用来保持巢内相对恒定的温度，还可防止一儿受害、全家株连的惨痛下场。也有的蜾蠃蜂用泥土做成的嘴壶形独巢，既精巧别致，又起到分而治之的作用，当一巢被毁时，而不至于多巢同时受损，这真可谓在保存物种多样性上费尽了心机。

5. 冬眠与苏醒行为

(1)天寒地冻巧谋生　秋末冬初，地净场光，树叶凋落，晨雾凝霜。在大自然中飞翔的蝴蝶，危害庄稼的黏虫、飞蝗，鸣叫的蝈蝈，叮人吸血的蚊子等等，在这个季节里不见了，是被寒冷的气候冻死了吧？事情并不是那么简单，要真是这样，地球上怎么还会有那么多种类的昆虫年复一年的、从不间断地持续发生和发展着呢？这是因为昆虫在长期的演化和适应的过程中，学会了一套巧谋生活的顽强过冬本领。

①越冬前的机体变化

人们在冬季到来之前就准备好了御寒的衣物，家禽也要换上厚厚的羽毛，田鼠要贮备过冬的食物，小小的昆虫也不例外，冬季到来之前，它们也做了多方面的准备工作。

昆虫过冬前的准备工作，是在秋末气候开始变冷、大气温度平均下降到8℃～10℃之间开始的，而整个过程也是循序渐进、有条不紊的。

首先，是积累营养物质。昆虫在将要进入过冬之前就忙于大量取食，使身体内的脂肪含量逐渐增多，到了停止取食时，身体内的脂肪含量就达到了最高水平。与此同时，身体的其他组织内也在不断地进行着蛋白质和碳水化合物的贮存。这些物质的积累可补偿过冬阶段新陈代谢过程中所消耗的物质。

其次，是降低体内水分。正常生活条件下，昆虫体内的含水量很高，一般约为体重的 70% ~ 80%,也就是说昆虫整个身体重量的大部分都是水。昆虫体内的水,一般分为两种:一种叫游离水,另一种叫结合水。游离水是昆虫从食物中和大气中直接取得的,这种水一般都还没有直接参加身体内部一系列生物化学变化过程。游离水和一般的水相同,比较容易结冰。游离水多了,当温度下降到摄氏零度以下时,昆虫身体就容易冻结而导致死亡。结合水就完全不同了,它不但在昆虫体内参与了一系列的生物化学变化,而水分本身的物理性质已经改变,因而结合水在摄氏零下十几度至零下三十几度还不结冰,这就提高了昆虫的抗寒能力。

昆虫体内的游离水是在什么时间、怎样排出的呢? 一般地说,昆虫体内游离水的排出是分两个时期进行的。

第一期排水是在昆虫停止取食刚要转入过冬状态以前,就从消化道里排出所有食物残渣,随之部分游离水被排出体外,另外由于昆虫停止取食,不再从外界引进水分,但此时昆虫体内的代谢作用还很旺盛,也就借助呼吸时的蒸发作用又排出一部分水分;另外由于气候、光照等外界环境的改变,也促使昆虫体内进行着一系列的生物化学变化,在这种变化过程中,部分游离水就转变成了结合水。以上这些过程失去水分的总量一般占总失水量的 20% ~ 25%。

第二个失水时期发生在温度下降到 8℃ ~ 9℃ 时。这时,昆虫一般都进入过冬的隐蔽场所,但由于还没有进入真正的过冬状态,还要进行短时间的所谓的过冬锻炼。在这段时间内,又失去了 1% ~ 4% 的水分。

昆虫在过冬前的准备过程中,除了贮存营养物质和降低体内游离水的含量外,还有一次改变趋性的过程。昆虫属于变温动物,它们的体温是跟随气温的变化而改变着,因此,天热了就向阴凉的地方躲,天冷了就要向较暖和的地方跑。这种向暖和地方去的现象,叫做趋温性。

趋温性是昆虫度过严冬的一种重要本能。例如专门取食蚜虫的异色瓢虫,天气变冷时,它们就争先恐后地飞到避风的墙缝、草堆以及仓库等较暖和的地方度过冬天。在土壤中生活并度过冬天的金龟子幼虫(蛴螬)和叩头虫的幼虫(金针虫),天气变冷时,它们便向着土壤深处钻,这是因为10厘米以下深处的土壤温度要比大气温度高7℃以上,20厘米的深处要高10℃多。当土壤深度到达60~90厘米时,温度昼夜不变;深度达到12米时,一年四季中的温度,保持着不冷不热的状态。虽然大部分昆虫不会钻到那么深,但钻入到10~15厘米深处还是较为常见的。如果大气温度低于-10℃或更低时,昆虫过冬处的土温却只有0℃或稍低点,由于土壤温度较高,当然就不容易被冻死了。

在地下过冬的昆虫
(幼虫和蛹)

也有些种类的昆虫要钻到树皮下、树干内,或田野、林间的枯枝落叶堆中过冬,这也是一种趋温性的表现。一般说树皮或较深树皮缝中的温度,要比大气温度高2℃~5℃;在树干2厘米深的地方,温度比外面高出5℃~6℃。即使在同一棵大树皮或缝中潜伏过冬的昆虫,向阳的一面也明显地比向阴的一面多得多,因为向阳一面的日平均温要比向阴的一面高7℃~8℃。

人们也许会想到,如果冬季连降大雪,把在大地上过冬的昆虫深埋了起来,它们都该被冻死了吧。其实厚厚的"雪被"盖满大地,保护了地面热气蒸发,反而使表土及较深土层免受寒风的侵袭及低温冰冻。据测量记载,在雪的覆盖下,一般土表温度可保持0℃或稍低一些。如果雪深达4~5厘米,对土壤保温起着重要作用,这就为在土表或土壤中过冬的昆虫,提供了一床既轻松又暖和的"鸭绒被"。

趋湿性也是昆虫一种谋求生存的本能。昆虫在过冬前虽然脱去了体内大部分冰点低的游离水,但在荒漠干旱地区,处于过冬期间的昆虫身躯及其周围环境中的水分,蒸发量要比回收量高得多,这对保持昆虫的生理活性极为不利,特别对过冬后的苏醒影响更大。因此,有些种昆虫(特别是在地表过冬的成虫），它们过冬前常选择在有枯枝、落叶、垃圾等比较潮湿的物体下过冬就是这个缘故。

②越冬发育阶段及越冬场所的选择

昆虫的种类多，生活习性复杂，过冬时的虫态也不完全一样。经过将常见的200多种农、林昆虫，按过冬虫态区分，得出的结果是：以幼虫过冬的占43%；以蛹过冬的占29%；以成虫过冬的占17%；以卵过冬的占11%。

当昆虫度过寒冷的冬天时，不论它们处于哪个发育阶段，事先都要挑选安全而且僻静的地方躲藏起来，才能进入静止不动的过冬状态。这种过冬现象，就像成熟后的植物种子存放在仓库里一样，生命并没有停止，只要内在的复苏条件具备，外界条件适合，它们就又开始活动了。

以卵过冬的昆虫　常见的种类大部分属于直翅目中的蝗虫、螽斯、蟋蟀；同翅目中的蚜虫、粉虱、飞虱、斑衣腊蝉；半翅目中的盲蝽象等。鳞翅目中蛾类，鞘翅目中的叶甲，也有以卵过冬的，但为数很少。

每年秋末，各种蝗虫进入老熟期就准备产卵越冬。产卵时选择适宜的土壤和场所，用腹部末端坚硬的产卵器接触地面，腹部下弯，后腿支起，从生殖器官中排出液体，湿润土壤，同时生殖器用劲往下钻动，大约经过1小时后，就能挖出一个3厘米多深的洞来，这时把卵粒依次产下来。蝗虫在产卵时，还随卵粒排出些泡沫状的胶液，把所有的卵粒包严，最后形成一个与洞深相仿，不怕水浸霜冻的保险胶袋。卵产完后，还要作一番细致的安排：用后足刨土，把洞口填平，再用前足踏实。这样，胶袋里的100多个小生命就在这“育婴室”般的暖房中度过寒冷的冬天。

雌性蝈蝈的产卵管像马刀；蟋蟀的产卵管像倒拖着的长矛。它们的产卵器官虽有不同，但都是用这些“利器”把地面钻出个洞来，再把卵粒竖立着产下来。因为一个小洞只有能容纳一粒卵的体积，所以它们产完一粒卵后要再钻洞再产。这样，它们的卵粒在土壤里是分散开的，细密的土壤便构成了天然卵袋。

形形色色的昆虫过冬卵

1.螳螂的过冬卵块　2.蝗虫正在产卵过冬

3.大青叶蝉正在树皮内产过冬卵　4.蝉产在树木枝条内的过冬卵

5.天幕毛虫产在枝条上的指环状卵块

蚜虫在越冬前,把大量具有坚硬卵壁的卵产在寄主的根茎上、枝杈间的向阳面及缝隙处,即使严冬也不会把它们卵全部冻死。蚜虫就是凭借着这样惊人的繁殖能力和复杂多变的生殖方式越过严冬。

同是同翅目中的蝉和大青叶蝉,也都是把卵产在树木枝条上过冬的。两者在产卵时的不同点是:蝉有一根长矛头状的锥形产卵管,在产卵时能划破树皮并把卵粒输送到木质部中,而大青叶蝉的产卵器却像一把锯子,在产卵时能将树皮锯开一条月牙形的小缝,把卵成排的产在树皮内。

半翅目中的盲蝽象是把卵巧妙地产在植物组织内，借助植物的皮和茎的保护使卵粒过冬。它们的产卵方法都是在选择好产卵的寄主和部位后，先用刺吸式的口器在适当部位刺出洞来，然后才把产卵管举起，插入洞中，产下一粒卵后将产卵管拔出，再重复着前面的动作，产下第二粒、第三粒……有时在同一块植物茎皮中可连续产下几十粒卵。盲蝽象把卵产在植物组织里，它们是怎样使卵接触空气且保持活力呢？明年孵化出来的后代又是怎样从卵壳中钻出来呢？原来，成虫产卵时就意识到了这些问题，已经在卵的向外一端，留下了一个像是风雨窗样的盖子，来年幼小的虫子从卵里孵化后，只要用头顶开那扇特制的天窗便钻了出来。昆虫这些天然本领，就是精工巧匠也难以设想的。

鳞翅目中的蛾子，没有特殊的产卵器官，产卵器只是腹部末端的几节的拉长，因此，只能把过冬卵明摆浮搁，成堆或成块地产在树木枝干或其他物体上。为了能使卵块过冬，它们在产越冬卵时，除了增加卵壳的厚度外，还能把腹部末端的绒毛脱下来，粘贴在卵块外，好像给卵盖上一层厚厚的毛毯，这样不但可阻止卵粒将来孵化时所需湿度的散失，也可保护卵安全过冬。

以幼虫过冬的昆虫　能度过冬天的幼虫，多数都已接近老熟。这是因为刚从卵中孵化出来的一龄幼虫，体壁幼嫩，抗拒寒冬的能力极差；二龄后的幼虫，正处在快速取食和发育旺盛的阶段，体腔内所含水分较多，又没有储备足够的为过冬所需的脂肪，因此一二龄的幼虫对度过冬天还很不适应。

以幼虫期过冬的昆虫，除幼虫在身体生理上具备了过冬条件外，选择不同的过冬场所、编织各种形状的防护外罩也是必不可缺少的行为。

多种属于鳞翅目中螟蛾科的昆虫，如玉米螟、高粱条螟、粟灰螟以及多种危害水稻的钻心虫都以老熟幼虫钻蛀到稻秆深处或根茎中过冬。这些昆虫常常在越冬前尽量延长“隧道”的深度，并用啃下来的碎屑将隧道周围填满，又在隧道进口处吐丝结上一层薄网，这样不但能保持温度，也提供了越冬的安全感。

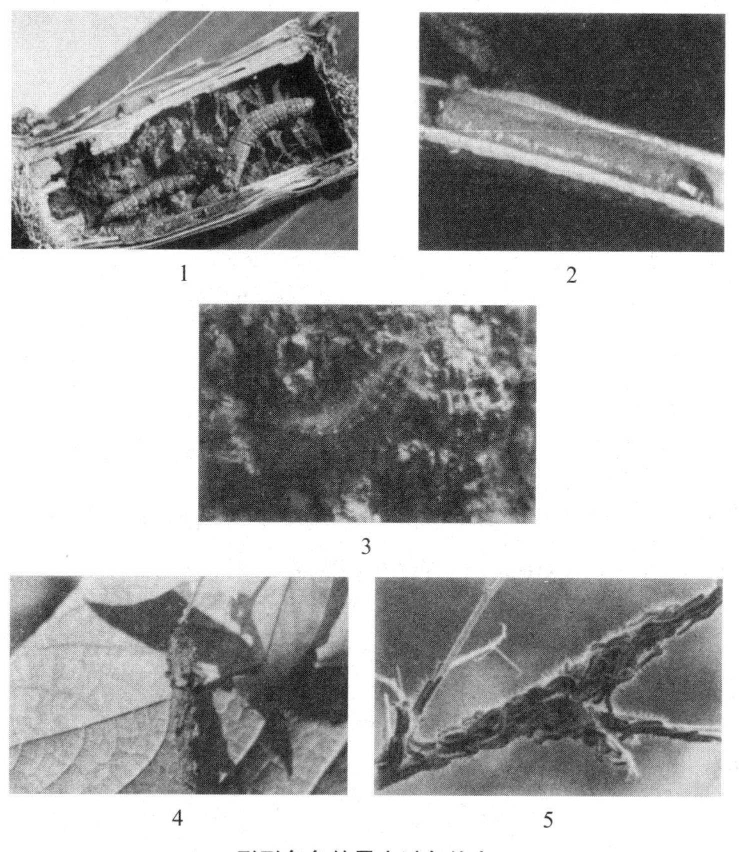

形形色色的昆虫过冬幼虫

1. 在作物秸中过冬的玉米螟幼虫　2. 在树枝内过冬的木蠹蛾幼虫
3. 在石山干枯苔藓上过冬的苔蛾幼虫　4. 在蓑袋中过冬的蓑蛾幼虫
5. 越冬后刚苏醒的天幕毛虫幼虫即织结丝网为害植物

大豆天蛾以幼虫度过寒冬，当冬季来临，老熟的幼虫便靠坚硬的头壳和身体的蠕动，钻到寄主附近的土里，利用身体上下左右摇摆、挤压，做成一个坚固的土房子。房子做好后，还要从嘴里吐出黏液，用来涂刷室壁，使土室更为牢固和光滑。冬季它们在土室里进入休眠状态，醒来时已是春暖花开了。

危害梨树、海棠的星毛虫，因为它们最喜欢取食这些树的嫩梢。如果以老熟幼虫过冬，来年春天再化蛹，变作成虫产卵，就要错过春天取食新芽的良机。因此，它们便以刚脱过一次皮的二龄幼虫过冬，并且在不远离寄

主的地方选择树干向阳一面的裂缝，或选择砍伐枝杈时遗留下的伤疤处以及其他害虫钻蛀过的旧洞作为它们过冬的理想场所。地点选好后，还要拉下身上的长毛混合吐出来的丝，织成毛毯裹住身体抵御严寒。

刺蛾幼虫性情凶狠，如果你不小心碰它一下，就会被它狠狠地报复一回，使你的皮肤痛痒好几天。人们给它起了个名副其实的外号——“洋辣子”。“洋辣子”不光性情不善，还是个胆大妄为的家伙呢。当它吃饱长足开始蛰伏时，便爬到枝杈处，用吐出来的丝和从口中吐出来的黏液再缠绕身上的毛，做成一个鸟蛋形外布一层不同颜色花斑的硬茧，这既成为伪装，可避免鸟兽伤害，又成为过冬的安乐窝。

蓑蛾又叫避债蛾，从小就胆小怕事。自从卵中孵化出来后，就会用啃碎的叶片、排出的粪便及吐出来的细丝织造一个能遮风挡雨的很像件蓑衣样的袋子，它终生躲在里面生活，只有吃东西时才把头和胸足伸出来。这样，它们过冬时就不再要作任何准备了，只要爬到墙壁或树干，找个避风的地方，再把身体缩入，吐丝将袋口扎紧并与墙壁或枝干粘连牢固，这样就可以安然过冬了。

木蠹蛾幼虫和天牛幼虫，它们整个幼虫期就生活在树干内，在树干中取食并构筑隧道，过冬时无需再精心遮盖，只要用粪便把洞口堵严，就万无一失了。

以蛹过冬的昆虫　以蛹过冬的昆虫数量种类不多，这是因为虽然蛹态的表皮比较坚硬，可遮风御寒，但毕竟是一生较长时间过着静止生活的阶段，在这个阶段缺乏躲避鸟兽、寄生性昆虫等天敌的能力。

多种蝴蝶是以蛹期度过冬天。蝴蝶一年中的最后一代幼虫，在进入冬眠前便向着篱笆、墙壁和多种作物的秸秆上爬去，选择僻静、向阳、遮风环境，先吐出些丝来将尾部与所栖居的物体粘住。有些种类，还吐出多条细丝绕结在一起，从腰间盘绕一圈，像是一条腰带将身体固定住，然后靠身体的蠕动及脱皮激素的作用下，脱去旧衣，变成个失去运行能力的活像泥菩萨样子的蛹。这时如有天然敌害侵犯，唯一的示威表现就是将身体抖动几下。

蛾类的蛹大部分是在地下的土茧中过冬。因为土壤成了它们冬眠温床，只要不受到冬耕翻地的破坏、禽畜的刨食，就可安全过冬。

以成虫过冬的昆虫 大多数昆虫在成虫期能取食，或有坚硬的体壁。只要它们把肚子吃饱，储备下足够供冬季消耗的养料，并选择好越冬场所，就能熬过漫长的冬季。

形形色色的过冬虫蛹

1.在地下土茧中过冬的天蛾蛹　2.在枯叶上过冬的蛱蝶垂蛹
3.在寄主枝干上过冬的花椒凤蝶挂蛹　4.在地下土室中过冬的芫菁假蛹

双翅目中的蚊、蝇，大部分是以成虫过冬。每年气温逐渐下降，冬季将要来临时，它们就钻到石洞、菜窖、空房、畜舍等阴暗挡风的角落里躲藏起来度过冬天。

(2)*越冬醒来之前先输液*　过冬的昆虫熟睡了一冬，当天暖和了就会很快醒来寻找食物，延续它们的生命。一般认为温度是促使昆虫苏醒的重要条件。事实并不完全是这样。

昆虫在准备过冬前，为了降低体内冰点，免遭冻死，曾排出了体内大部分水；过冬期间为维持肌体活力和较缓慢的代谢过程，又消耗了不少水分。整个冬季身体失水过多，妨碍了正常的生理活动。严冬结束前，为了少许湿润一下干涸了一冬的外表皮和满足体内生理活动所需要的水分，它们就借助体壁、呼吸系统以及消化系统等各种能用来吸收水分的器官，尽量吸收土壤、空气和植物体蒸发的水分，等待到向体内输送的水分足够用时，才开始苏醒活动。

人们作过这样的试验，玉米螟幼虫的过冬死亡率一般在50%～60%，其中多数是因春季失水造成的。

危害棉花的三点盲蝽象的过冬卵，早春空气湿度在60%以上时，5月初才能开始孵化，如果没有足够的水分供卵吸收，或久旱不雨，幼虫就不能从卵中孵化出来，这时它们一直要等到有雨露滋润时才苏醒并冲破卵壳重返大自然。

过冬昆虫的苏醒，除要吸收足够的水分外，食物的出现也是苏醒的信号。因为昆虫的发生、发展与植物有着相应的同步性。这是自然界赐予生物的天赋。如以卵过冬的蚜虫，只要所需寄主开始发芽，它们就破卵而出去吸吮嫩芽的汁液。同样专门食蚜虫的食蚜蝇，只要蚜虫刚一露面，它们也紧跟着苏醒，把卵产在蚜虫群中。蝴蝶、蜜蜂等嗜花采蜜的昆虫，只有春蕾怒放时，它们才展翅飞翔。

熟睡在残叶枯草间的小甲虫、叶蝉、蝽象等多种成虫，只要天气变暖、春雨濛濛，万木回春时，便开始活动起来，到处寻找可口的食物。

6. 土壤昆虫行为

(1)什么昆虫属于土壤昆虫　在古生代泥盆纪，昆虫的祖先水生的节肢动物中的多足类，就逐渐地登上了陆地舞台。从此地球上生长的植物就成了它们的食物，土壤也成为它们终生或部分发育阶段的繁衍生息场所。如果把海洋、沼泽比作昆虫的第一故乡，那么土壤就成为昆虫的固土了。

昆虫种类这么多，如果把所有的昆虫都算是土壤昆虫，就有点“牵强附会”了。当然在评定那些种昆虫是真正的土壤昆虫之前，要先弄清什么是土壤，才好评定什么样的昆虫算土壤昆虫，它应该具备哪些条件。

什么是土壤，一般人很容易认为“土”，盖房用的“泥巴”，种花、种菜用的“泥土”，就是土壤，但这些都不是真正的土壤。恰如一块鸡肉不是鸡一样。因为土壤本应具有发展性质的独立的自然条件，是与环境相互作用而不断变化着的物质。因而应该承认土壤是活的物体，也各有各的种类。但土壤的种类与其邻近物体的界限是不明确的，继续变化着的，没有个体的，这是与生物显著不同之处。如果把土壤做一断面构造剖析，最上部是落叶层，除去落叶层一直挖到底，最终是坚硬的岩石。落叶层与岩石之间的情况就变化多样了。一般结构是有机质由上方供应，而无机质由下方供应。但也有混合，这种混合不一定是从上层向下层连续变化，即便是物理的与化学的性质，也不是连续性变化的，这就形成土壤剖面阶段性的形态变化，正是这些变化与不同种类昆虫，在土壤中的生存时间及其特性，来决定哪些种类属于土壤昆虫了。

以昆虫在土壤中的滞留时间及形态习性等来判断哪些应属于土壤昆虫。①整个生活史全过程都离不开土壤，称为“全周期性土壤昆虫”，如双尾目的铗尾虫（俗称虮），革翅目中的蠼螋（耳蜈子虫），弹尾目的跳虫等。它们的共同特点是：无翅或翅型短小或隐蔽；身体扁而细；足短小爪发达，

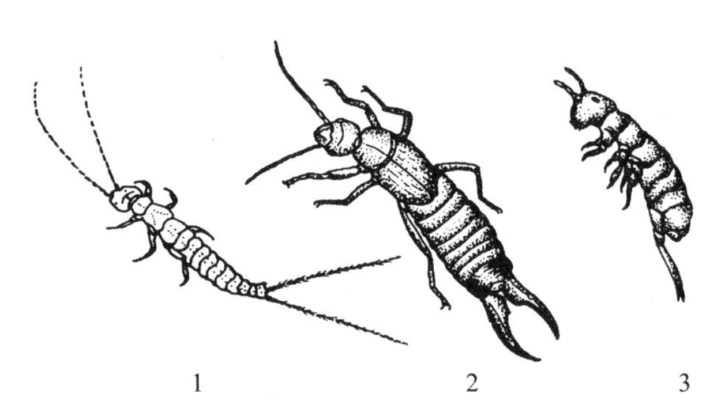

全周期性土壤昆虫中有代表性的种类

1.双尾虫　2.蠼螋　3.原跳虫

便于挖掘但活动范围小;喜潮湿,阴暗;体色淡,表皮薄;复眼退化变小,畏光;大部分属于腐食性类群。从以上这些特点可以看出,这些特点都是为适应土壤生活逐渐演化而形成的,反过来说,又是因长期在土壤中生活而退化的结果。②全生活周期都离不开土壤,只有某一个虫态阶段因生活需要,暂时离开土壤,称为“周期性土壤昆虫”。如鞘翅目中的芫菁,同翅目的蝉等。它们的共同特点是:卵产在寄主的枝干或寄生于其他昆虫的卵囊内,幼虫孵化后依靠足的运动钻入土中,并寻找适宜幼虫发育的食物,一旦找到食物便定居下来,完成幼期和蛹期发育阶段的生活过程;成虫自羽化至寿终,绝不再回到土壤中去;成虫期属于植食性类群。③一生的生活周期中只有某一发育阶段,继续在土壤中生活,并完成一个以上的虫态变化。如双翅目的部分蝇类、虻类,鞘翅目的虎甲、金龟子等,有这种习性的,被称为“暂住性土壤昆虫”。它们的共同特点是:吸血性或肉食性及植食性;离开土壤后的成虫一般寿命较长;天然敌害较少。④一个世代中的各个发育阶段,都不在土壤中生活,只是为了躲避自然灾害(高、低温变化)或借助土壤猎食等。如脉翅目的蚁狮、直翅目的蝗虫、螽蟖。也有的一个世代的某个发育阶段,日出地上活动,夜入土中“睡眠”。这些种被称为“过渡性土壤昆虫”。它们的共同特点是与土壤无缘,但又不能完全离开土壤。

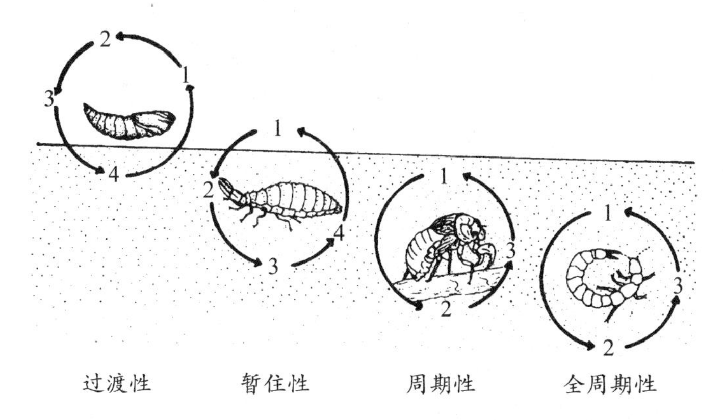

从昆虫一生中在土壤中滞留的时间来决定哪些种类是土壤昆虫

知道了昆虫与土壤的关系，以及哪些昆虫应为真正的土壤昆虫，哪些种类不符合土壤昆虫的条件后，对一些种虫子的特殊行为和不全面的认识，就能得出正确的解释了。

（2）“腐土化萤”及“土能生蚕”　成语中有“土腐生萤”及“土能生蚕”的说法，两者说的都是土与虫的关系，但意义却相差很大。前面一句说的是腐烂的土里可生长出萤火虫来，这是对萤火虫生活习性不够了解的误识。萤火虫的一生确实是喜欢生活在河、湖两岸，环境比较潮湿、腐殖质比较丰富的地区，但萤火虫无论成虫或幼虫发育阶段，并不取食腐殖质，而是以生活在这种环境中的蜗牛为食。蜗牛是血吸虫的宿主，萤火虫在消灭血吸虫上“功不可灭”，但它们消灭蜗牛时，不是一口口的吃掉，而是先用头上像是注射针一样的大牙（颚），把一种有毒的汁液注入蜗牛体内，使蜗牛处于麻醉状态，这种汁液还能起到使蜗牛肉不致腐烂的“保鲜”作用。萤幼取食前，又从嘴里吐出一种叫做“消化酶”的物体来，将保持新鲜的蜗牛肉分解成液体，再用吸管状的嘴去喝那可口的“清汤”。一般说一只萤幼捕到食物后，很少单独享受这“美味佳羹”，总是用“光语”招来同族“会餐”。这种有食共享的特殊行为，可算是一种“美德”了。

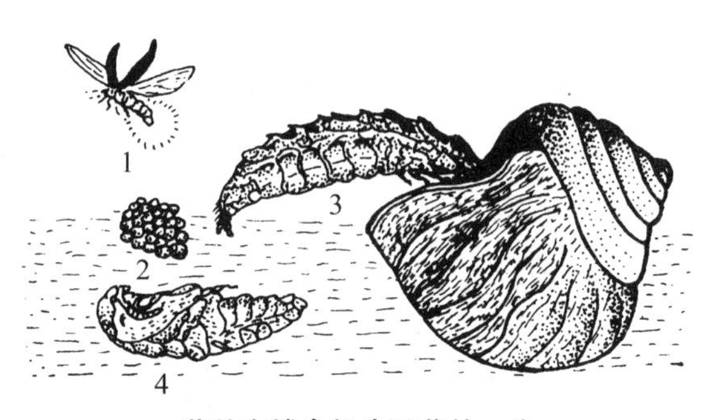

萤幼在捕食蜗牛及萤的一生

1.成虫　2.卵　3.幼虫　4.蛹

那么土壤里是否能长出蚕来呢？这也是对不相同的昆虫种类名称，同音同字的误解。“蚕”字是鳞翅目中的两个科的专用词，如蚕蛾科、大蚕蛾科中的家蚕、野蚕、柞蚕、樟蚕等等。鞘翅目中金龟子科的幼虫，大多在土中生活，以土中的腐殖质或“母亲”代为贮备的物质为食。黄褐色的头，体白色多皱披有微毛，弯腰拱背很像是蚕的样子，故人们叫它“土蚕”，意即生长在土中的蚕，真正的名称叫“蛴螬”。由于蛴螬有药用价值，因而《本草纲目》中即有记载“其状如蚕儿大，身短节粗，足长有毛，生树根及土粪中者，外黄内黑，生旧茅房上者，外白内黯”。陶弘景：“大者如足大趾，以背滚行。……”前面说的“土能生蚕”，可见指的是金龟子幼虫“土蚕”。

“屎壳郎推粪球，臭味相投”这个典故，可说“家喻户晓”，而且古书《尔雅翼》（宋代罗原著）中曾记载：“蜣螂转丸，一前行以后足曳之，一自后而推致之，乃坎地纳丸，不数日有小蜣螂自其中出”。从记载中可知，前人对蜣螂的观察非常仔细。蜣螂（金龟子的一种）把粪揉成团圆形似球，因为圆形在地面

雄雌蜣螂在合力推滚粪球

滚动时省力,运回坎坷的土穴中较容易。球作好后雌蜣螂把一粒卵产在粪球里,并深埋土中,出世的小蜣螂幼虫(蛴螬)立刻就能得到可口的食物。这也称得上对子女的母爱表现吧。

通过对上面两种昆虫的表述,可以说明无论在天空、地下、水中或任何环境及处所,都必须先有大虫才会有小虫,这是真正的道理。

7. 昆虫的鸣声行动

地球上出现虫声和到处可以听到虫声的情况,可能在人类出现之前就已存在了。这也仅仅是一种猜测,但是有一点是可以肯定的,那就是自从人类有史以来便已经注意到昆虫的鸣叫声了,这可以从古书里找到证据。数千年前,我们的祖先就在与大自然接触及劳动中,创造和不断完善着自己的文化。他们在编咏的歌谣和诗句中表现出了许许多多和虫鸣有关的章句。《诗经·召南·草虫》记载:“喓喓草虫”,就是指生在丛林草际中的螽斯。在2000多年前的《礼记·月令》和《吕氏春秋》中,就曾把某种昆虫鸣声的出现,作为时令及季节变化的标志,这说明古人已有了相当丰富的自然知识和对昆虫的生物学习性有着较深入的认识。

但是,有哪些昆虫发出的声音是真正的生物音响?它们是怎样鸣叫的?各种不同种类的昆虫鸣声有什么特点?它们为什么鸣叫?等等。要对其中的问题进行较全面的解释,并不十分容易,因为这要涉及生物学和物理学多方面的专门知识。

(1)哪些昆虫会“唱歌” 夏季,河岸柳阴中群蝉高歌;秋夜,草丛中虫声唧唧;禾田、树丛中螽斯发出鸣声。在自然界的合唱队中,鸟和昆虫究竟谁的歌声更优美动听,恐怕最有资格的音乐家也难作出正确的判断。不过,要论资历的长短及鸣声的音质,虫要挂冠,鸟却要落选。因为昆虫在地球上出现的时间比鸟类要早约1.9亿万年哩。

昆虫能发出声音的种类很多,要评选歌手,首先要从那些身配“音器”,

能用不同形式和方法来拨弄"琴弦"，而且使人听来感到音韵幽雅入耳的昆虫中去挑选。

昆虫中的歌手，蟋蟀可以称"星"。蟋蟀俗称蛐蛐，是一个昆虫类群的总称，有数十种之多，可以说是个规模不小的田间合唱队。由于它们的鸣声婉转动听，惹人喜爱，人们根据不同种类的外形及颜色的深浅，给它们起了不少美妙的"艺名"，如青麻头、红麻头、关公脸、蟹壳青、大元帅、黑李逵、金琵琶、长尾梅、花翅膀等等。其实它们在昆虫学中有着各自的归属和真名实姓，它们都属于昆虫纲中的直翅目蟋蟀科。蟋蟀不但善鸣，而且更喜斗，故有雄鸡斗蟋蟀的故事流传至今。

雄鸡斗蟋蟀

随着人们生活水平的不断提高，蟋蟀已成为休闲玩乐的宠物。不少城市成立了蛐蛐协会。在山东集宁市，每年举办国际蛐蛐"品种评比会"，以鸣声、斗姿优劣决出蛐蛐的胜负。

姬蟋是蟋蟀科中的优质种类。它们的鸣声多变，声音洪亮，在适宜的气候条件下，当夜幕降临时，便"嚁嚁嚁……唧唧唧唧……"叫个不停，可以算得上合唱队中的领唱了。

鸣虫中的螽斯，属于直翅目中的螽斯科。这个合唱队，也很有点名气，不但队员多，而且有闻名的歌手蝈蝈作台柱，人们不仅爱听它的歌声，还把它捉来关在用高粱扪儿编制的小笼中，挂在凉台或葡萄架下，观赏它那翠绿的衣冠以及用前足梳头洗脸的滑稽动作。

织螽，俗名纺织娘，顾名思义，它们常发出像是老式木制织布机织布时发出来的"唧扎、唧扎"声。似织蟋蟀的发音，像是有意与纺织娘音调互相搭配，而发出穿梭般的"似织、似织"声。草螽斯、树螽斯、绿螽斯等发出"吱里、吱里"，"卡扎、卡扎"各种声调。属于直翅目、金钟科的金钟儿，虽然在大自然中的个体数量较少，但也常以它那铜铃般的钟声，旁敲侧击地为螽斯合唱队伴奏。

蝉，俗名知了。在昆虫纲中属于同翅目蝉科，我国现记载百余种。蝉儿总爱攀登高枝，自命不凡，只有在绿树成荫的“剧场”，它们才肯亮相激昂高歌。蝉类合唱队，常常随着季节的变化轮换演员登台，同时也传递给人们转换季节的信号。

攀枝高歌的蝉

蟪蛄是最早登场的歌唱演员。春末夏初，麦穗稍黄，它们就发出尖锐的“吱吱……唧唧……”的叫声，好像运麦大车轴瓦的摩擦声。也许是由于这些演员体小力薄，总喜欢在低矮的树干上演唱，而且时间也短，整个演唱会只有半月余。

黑蚱蝉鸣声响亮，震耳欲聋，偏偏它们又喜欢同时登台，当群蝉齐鸣时，常常使人感到烦躁。不过它们可起到天气预报的作用。谚语说：“群蝉齐鸣天必晴”，“晴天蝉眠天要阴”。黑蚱蝉在蝉的种群中，称得上黑大个，声音又是那样“咋咋咋”地叫个不停。

鸣鸣蝉性情孤独，只有半山区才能听到它们那“呜呜呜……哇”的“喊冤声”，像是为被赶出了合唱队而鸣不平。鸣鸣蝉的仪表装饰要胜黑蚱蝉一筹，粉绿色的身体，夹杂着些黑色条纹，表面不均匀地涂着一层自身分泌出来起着保护作用的蜡粉。

伏了蝉，又名寒蜇，每逢夏至时节才登台献艺。它们像是有点未卜先知，伏天刚到，它们便“伏了伏了”地叫个不停，也像是告诉人们，伏天过完，气候将变凉，应该提早准备御寒的棉衣了。伏了蝉体型略小于鸣鸣蝉，体态端庄，黄绿色的外衣上点缀着星星黑斑。由于它们的发音器官较大，鸣叫时腹部总是不停地起伏着，也起着调节音量和频率的作用。

寒蝉和茅蜩蝉始终是音乐会的压轴，入秋时才开始发出“嗞嗞嗞”的鸣声，声音显得那么凄惨急躁，好像在唱寒冬将至性命难保的悲调。红娘子蝉，声音最小，但由于身着鲜艳红装，却成了舞台上的佼佼者。

在自然界中能从发音器官发出声音来的昆虫都是雄虫。

除上述这些鸣声响亮、持续时间长、有特殊构造的发音器官的昆虫种类外，属于鞘翅目中的天牛、金龟子、锹形虫；属于鳞翅目中的天蛾、枯叶蛾、箩纹蛾等，当它们的成虫或幼虫被捉住，或受到惊扰时，也能靠身体节间的挤压和摩擦，发出尖锐的“吱吱”声来。直翅目中的蝗科昆虫，也有不少种类可发声。膜翅目中的蜂类，双翅目中的蝇、蚊、虻等昆虫，由于在飞行中翅膀与空气的互振作用，也能发出“嗡嗡”的声音来，可是它们不具有特殊的“乐器”——发音器官，无疑没有登台表演的资格。

（2）如何发声　昆虫的鸣叫声，有长有短，有高有低。即使是同一种昆虫发出来的鸣叫声，也不会是同样一个音律。那么它们怎样“弹拨琴弦”和“调音定调”的呢？这就得先从每个昆虫的发出声音的器官的构造和声音的来源说起。

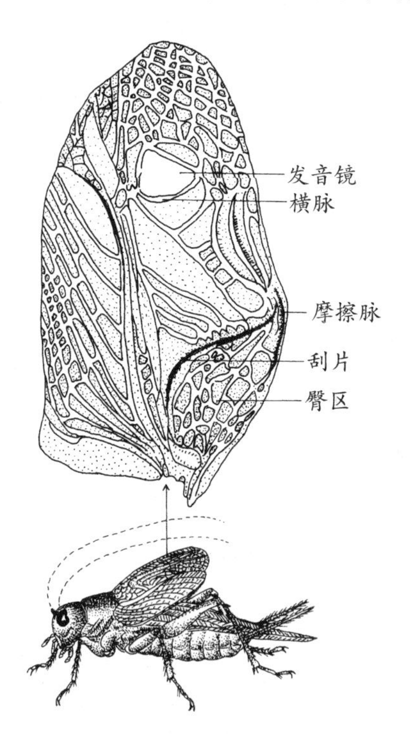

蟋蟀成虫及其发音器官的构造

人们常说蟋蟀是振翅而鸣，这话千真万确。蟋蟀成虫的胸部，长着两对发达的翅，前面的一对翅膜较厚，叫做复翅。翅的两侧向下弯曲，分别覆盖住腹部的背面和两侧，后翅较薄，平时像一把柔软的折扇，折叠起来隐藏在前翅下面，因而不易见到。在雄性中复翅的中部内上方，生长着发达的发音器官，而雌蟋蟀的复翅却没有发音器官，而且翅也较短，腹部末端除与雄蟋蟀一样有两根带毛的尾须外，还拖着根矛头状的产卵管。

雄蟋蟀的发音器官，是由复翅上的音锉和刮器两部分组成。音锉长在前翅基部一条斜翅脉上，上面顺序排列着数十个像锯子一样的小齿。刮器则长在音锉的前下方，是一条比较坚硬的翅边。蟋蟀鸣叫时，总是右复翅盖在左复翅之上，两个复翅高举在背上成45° 角，然后由胸肌牵动两翅，不停地张开又闭合，这样两个翅上的刮器，便与相反方向翅上的音锉产生摩擦，造成复翅上的镜膜震动，发出清脆的鸣声。音律的高低与长短，由刮器对音锉的刮击轻重和连续性来调节。刮击的程度重，复翅上镜膜的震动强度大，频率快，发出的声响就大；连续刮击，音节长，时而间断就音节短。刮击有轻有重，有断有续，这样便会演奏出优美的旋律来。

螽斯科的发音器官的构造，音节的调奏方法与蟋蟀大致相似，所不同的是，螽斯的左复翅总是盖在右复翅上，复翅上的镜膜更为宽大和透亮，这样就提高了共振效果和音量强度。螽斯的身体较大，相对来说音锉也较长，但锉齿稀而大。不同种类的螽斯在1毫米长的音锉上。有齿突十几个至三十几个不等，这就使音锉与刮器间的距离拉长，因此，不但鸣声响亮，音节也更曲折。螽斯的胸部发达，鸣叫时复翅的振动快，因而发出的声音中，有一部分音波频率每秒钟能高达63 000次，而且正是人耳能听到的频率范围；但还有部分音波频率较低，人们难以听到，也就难以与人沟通语言了。

蝉类的歌声高昂，是因为它们的发音器官在构造和部位上别具一格。《淮南子》说：“蝉无口而鸣。”这是因为古人认为只有口腔才能发出声音来的误解。

蝉的发音器官

蝉的发音器官，所生长的部位确实与蟋蟀、螽斯不同。它们的发音器官生长在腹部腹面第一节的两侧。最先能用肉眼看到的是两块半圆形的黑色盖板，全部发音机能便都隐藏在盖板下的洼槽中。洼槽上面的空腔,叫做共振室,起着扩大声音强度的作用。共振室后面有块像镜子一样的平滑薄膜,叫做镜膜,这是蝉的听器。在盖板下面的上前方,有着既薄又脆,但很结实的膜,叫做声鼓,这才是蝉的真正的发音器官。当蝉要鸣叫及调整鸣声的高低和节奏时,除借助腹部的不断起伏外,就要依靠声肌收缩的快慢和强弱来决定,收缩快音节就短,收缩慢音节就长;收缩的强度大,声音就高,相反就低。故有“蝉以肋鸣”的说法。

(3)为谁“唱歌” 昆虫的鸣声悦耳动听,而且唱起来是那样起劲。那么它们为什么鸣,又是在为谁唱歌呢?要了解其原因,就要从昆虫在自然界的行为说起。

蝉儿是在绿树成荫的地方才放声歌唱,当一只雄蝉鸣叫时,便会召唤来知音雌蝉,当雌蝉停歇在同一枝条上后,两只蝉便以退或进的动作不停地移动着,直到接近而进行交配为止,然后雄蝉飞离,雌蝉选择适宜的鲜嫩枝条,用矛头状的产卵器刺破枝条韧皮部,把粒粒白色卵籽,产在木质部里。这是昆虫以鸣声来招引异性的行为。

如果你用网子捉住一只雄蝉时,它会发出震耳欲聋的惊鸣声,停息在周围的蝉儿听到后,便会纷纷飞走或警惕起来。这是昆虫用鸣声向同类传递危险信号的报警行为。

当雄蝉被鸟儿捕住时,起初昆虫并无反抗表现,等鸟衔蝉起飞时,蝉会猛然发出强烈的尖叫,使鸟骤然一惊而松口,蝉便趁机逃脱,这是以惊吓声逃避猎敌的行为。

蟋蟀的声音节律变化较多,因此不同鸣声的作用也更复杂。蟋蟀在正常情况下,喜欢在田野中的草丛内挖个浅洞,独身生活,但当雄蟋蟀发育成熟,需要找个伴侣时,便发出普通的鸣叫声,用来招引异性。雌蟋蟀在距30米以外也能被雄蟋蟀的鸣声唤来,在30米以内时雄蟋蟀才发出优美的“求爱声”。这是以鸣声选择配偶的行为。但当有“第三者”插足时,两只雄虫便会展开一场争夺“新娘”的恶斗,各自同时发出激烈而带有威胁性的鸣声。这是一种制造气氛的助威声音。

昆虫在进行生殖活动时发出的鸣声，只能局限于被同一种类接收，这对于保持种族繁荣持续性发展，有着重要意义。

昆虫的鸣声，还有助于使同类之间的行动趋于一致。例如蝗虫在成群起飞前，利用翅膀发出的摩擦声召唤同族共同行动。

因此说，昆虫的鸣声绝不是向人们传递感情和友谊，而完全是在同类之间寻找知音哩。但这种鸣声对大自然来说，也确实增加了不少情趣。也有人猜想过，昆虫发出的优美鸣声，是否对植物的生长有诱导作用？是否能对人的康寿有助益？这些就有待探讨个究竟了。

8. 昆虫生活中的行为表现

（1）终生多变巧谋生　昆虫为了生存，不同种类有着不同的自卫方法，但同一种昆虫“一生三变”用来自卫的并不多见。苹枯叶蛾就是“一生三变”的昆虫。

苹枯叶蛾一年发生两代，第二代成虫经交配产卵孵化出黑色的小毛虫。此时已是深秋季节。秋风阵阵，寒气骤增，树叶变黄并开始脱落，小毛虫便脱去深色的皮，变成灰褐色的模样。树叶将要落光，已无遮身隐蔽场所，只好选择老枝干的分杈处或有伤疤的地方，织上一层薄丝，用足抓紧，贴附在上面准备过冬。为防严冬袭击以及觅食鸟儿的啄食，还要进行一番苦心装饰：身体两侧的毛在变长，成为保护身体的保护毛，体色变成淡褐色，体节间及背

苹枯叶蛾幼虫在寄主树的枝杈处织造的灰褐色茧

上增加了星星点点的深色斑块，酷似寄主树的老皮。这种模拟身体周边自然环境、借以保存自己的季节变化，可算枯叶蛾幼虫谋生的一绝。

作出“警戒”姿态的苹枯叶蛾幼虫

翌年5月初，枝条返青，胚芽吐绿。度过寒冬的枯叶蛾幼虫早已饥饿难耐，趁夜深人静，急忙解除伪装，爬上枝梢去嚼食幼芽。天空朝光初露，它们又返回原处。随着寄主树的枝叶渐渐茂盛，幼虫的体色也随着食量的增加，由灰褐转变成灰绿。

日间在枝条上嚼食树叶的幼虫，并没放松警惕性。只要稍有动静或有飞翔于空中的天敌骚扰，它便用腹足抓紧枝干，昂首挺胸，体侧毛向外竖起，并从中胸和后胸背面的节间突然翻出深蓝色带有光泽的有毒毛丛，同时自头部颚区发出吱吱声响。天敌见而生畏，避而远之。

苹枯叶蛾幼虫模仿老树皮过冬
（中间浅土色）

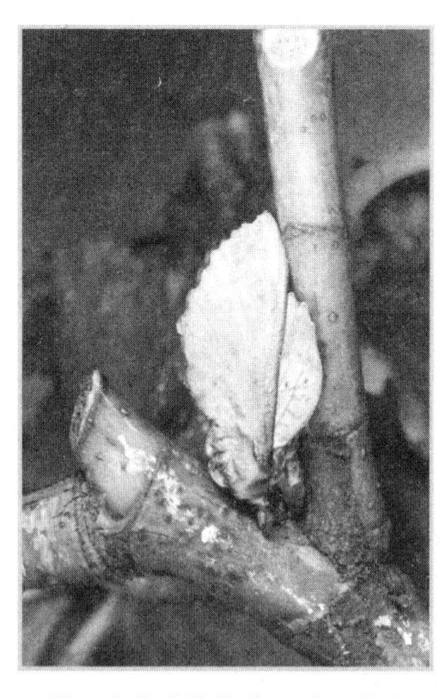

模拟枯黄叶片的苹枯叶蛾成虫

枯叶蛾幼虫老熟后，便选择树木较下部的枝干，吐丝缀连体毛织成个灰褐色梭形的茧子。枯叶蛾幼虫在茧中要经过10余日的预蛹期，脱去幼虫期的旧皮，变成个橙赤色的蛹，不久即羽化为成虫。成虫体色枯黄，翅上脉纹浅棕色，特别是前、后翅的外缘成宽齿状，极似叶片花边形的边缘。成虫白日从不飞翔，总是栖息于树冠下部的枯黄叶片处。双翅呈脊形叠压，宽敞的后翅外缘伸展开来，将腹部及胸足遮挡住，基角上的翅包承受着前翅的压力。翅上的脉纹好似树叶的脉纹，看上去可与卷折的枯黄树叶混淆，起到了保护自己的作用。但到傍晚，多数天敌不甚活动时，它便一反常态，展翅飞舞在林间，寻找异性，完成它传宗接代的使命。成虫口吻退化，已没有取食的能力，因此，雄性早折。雌蛾产完卵后也已精疲力竭，垂落林间，回归到大自然中去了。

苹枯叶蛾幼虫体毛的不同构造

1. 身体两侧的刷形保护毛

2. 背板及侧板上的毒毛

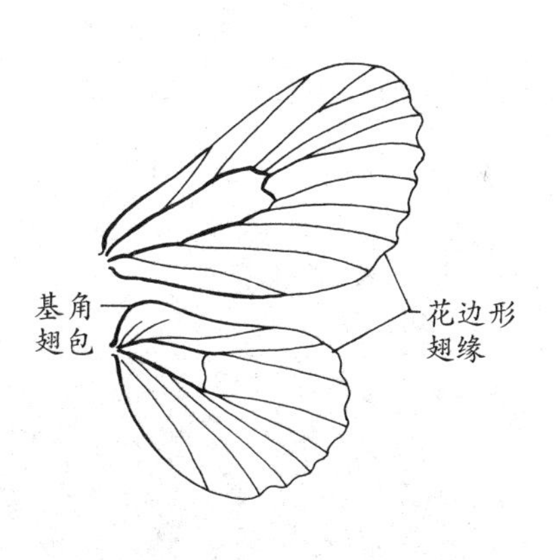

苹枯叶蛾成虫特有的花边形翅缘、后翅基角及用来搭载前翅隆起的翅包

（2）无声召唤巧聚合　榆绿叶甲，俗名榆绿金花虫，在中国大部分地区一年只发生一代。成虫在屋檐下或墙壁缝中隐伏越夏和越冬。来年4月初开始苏醒，交配产下一粒粒炮弹形的黄色卵粒后，成虫不久即死去。幼

榆绿叶甲成虫

虫从卵中孵化后，即开始了它毕生的任务——吃。尽情地吃，不断地长大。经过两次脱皮进入老熟期时，榆绿叶甲幼虫便在短时间内全都聚合在距地面较近的老树干上，头向上，整齐地排列开来。它们用肛门处排出的黏液与树干贴连，三对胸足也紧紧地扒在树皮上，向外暴露着它那带黑色节纹的背面、身体两侧的黄斑和能分泌腥气的臭腺。一周左右后，榆绿叶甲幼虫脱去幼虫阶段的老皮，变成体侧多毛、黄色的蛹。不久又蜕去蛹皮，变成成虫。初羽化的成虫，全身洁净白色，数小时后即变为黄色、褐绿，最终才成为有翅能飞、黄头、胸上有4个黑点、绿鞘翅、黑触须的小甲虫。

榆绿叶甲幼虫

榆绿叶甲老熟幼虫及初羽化的黄色蛹

榆绿叶甲聚集在榆树干上的密集场面

榆绿叶甲，从越冬成虫的苏醒、迁移到寄主榆树上取食、交配、产卵、幼虫孵化、在老树干上整齐地排列、蜕皮化蛹等一连串的系列性的变化，都是在短暂的时间内，比较整齐划一地完成的。

昆虫的这种整齐划一的行为，让人有点不可思议，原来，这是它们身体内具有的“无声信息”在起着指挥调度的作用。

当你用手接触到榆绿叶甲老熟期的幼虫时，便会发现它的腿节间、身体两侧隆起的小瘤上，会渗透出小珠状的黄色液体，并能散发出腥臭气味。这便是它们用来传递行动信息的化学语言——聚集信息素（也叫集结信息素）。

榆绿金花虫还有着群居生活的习性。它们常许多只聚拢在一起，当几个成虫转换生活位置时，其他个体也会紧跟着行动起来。这与它们行动时腹部末端不间断地分泌出“追踪信息素”的黏液有关。只要有几只爬过，便形成一条“信息走廊”，后面跟上来的会毫无差错地聚合在一个地方。

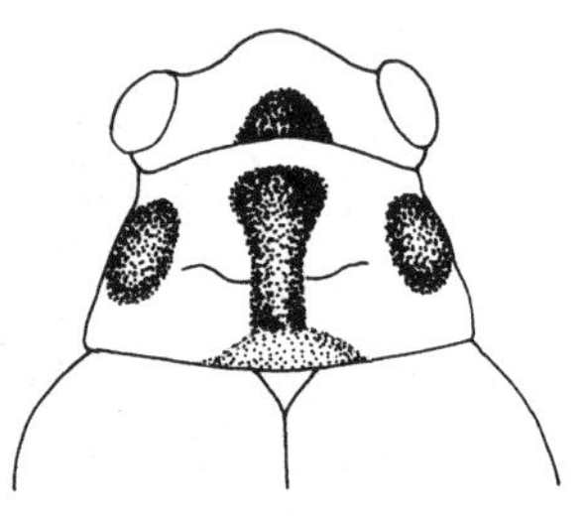
榆绿叶甲头胸部的构造
及黑色斑纹的数量形状

寄生在鸣蝉体背腹部的蝉寄蛾幼虫
（绵团状白色物）

（3）“寄人篱下”　“寄人篱下”是一句成语，意思是依附于别人生活。昆虫中的蛾类幼虫，大部分是靠自身的运动去寻找食物，用发达的口器去咀嚼取食。然而，也有一种蛾子，它的童年却是过着“寄人篱下”的生活，但它依附的可不是人，而是属于同翅目的一种昆虫——蝉。由于这种蛾的幼虫过的是体外寄生性生活，它的寄主又是蝉，人们就给它起了个很贴切的名称——蝉寄蛾。

蝉寄蛾的成虫一般把卵块产在树干的缝隙中，有时也产在地下的枯枝落叶上。那么，刚从卵中孵化出来的小幼虫，靠什么本领找到飞翔能力强、攀枝栖息的蝉呢？

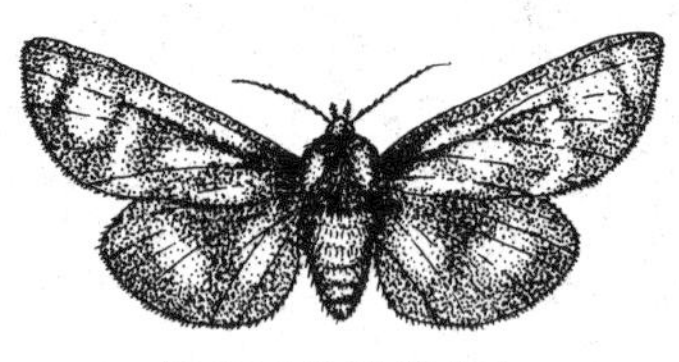
蝉寄蛾的雌性成虫

刚从卵壳中孵出来的蝉寄蛾小幼虫，身体细长白嫩，胸部长着三对善于爬行的胸足，肚子上那几对蛾类幼虫特有的腹足，却退化得几乎看不见了。这些幼小的生命就靠这三对发达的胸足，在蝉经常栖息鸣叫的树干上徘徊爬转，遇到蝉便急速地偷爬到蝉的背上。蝉也像是有感觉似地振动起双翅来，有的蝉寄蛾幼虫还没来得及固定下来，便被甩落到地下。没有被震落甩掉的，就急速地脱去一层皮，身体变得扁平，头很小，胸足退化，腹足变成上面长着许多小钩的圆盘。同时，蝉寄娥幼虫身体上分泌出大量的白色蜡粉，并从嘴里吐出丝缠绕在蝉的体表，再用带钩的腹足牢牢地抓在丝上。从此任凭蝉再振翅抖动或飞翔，它也不会掉下来了。紧接着蝉寄蛾幼虫将又小又尖的头，钻入蝉背体节膜内，吸食蝉体内的营养。

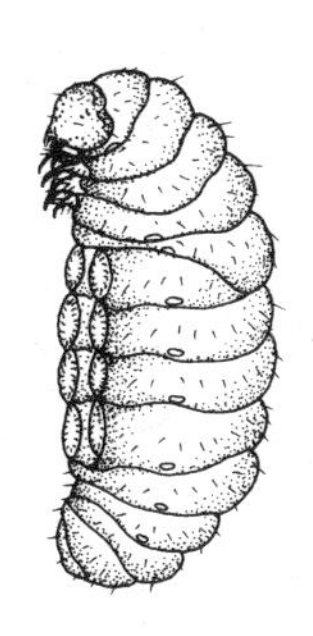
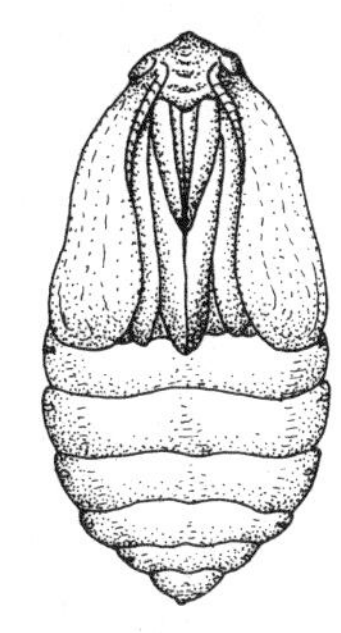

蝉寄蛾的幼虫和蛹

幼虫吃饱喝足后，便缩回钻入鸣蝉体内的头，缀丝垂于地上，找个隐蔽些的处所，吐丝黏连身体上的绵状白色蜡粉作个茧，在茧内安静地睡上半个月，羽化为成虫。这时正是秋高气爽的季节，成虫经交配后，产卵于树干上。卵成条形块状。为了卵粒安全过冬，成虫产完卵后，还要分泌些黏液涂在卵块上，并把尾部灰色的长毛贴在上面，看上去很像个小菌包，这就避免了冬季觅食鸟儿的伤害。

蝉寄蛾独特的生活习性，是昆虫经过长期演化和适应的结果。

（4）大蚊的断足自救　大蚊的样子长得跟叮人的蚊子很相像，但身体比蚊子大八九倍。它从不叮人吸血，也不进入人家室内，只在野外草丛中吸食些露水或花粉充饥，是一种对人无害的昆虫。因为大蚊有 3 对超过身体两倍长的分节的细腿，所以人们又叫它长脚蚊。

长脚蚊（大蚊）成虫

大蚊白天栖息在植物上休息。为了躲避天敌的袭击，它用前足抓着叶片或细枝条，将中足和后足向下直伸吊垂着，看上去很像是人们手握单杠引体向上的姿势。微风吹来，长腿随风摇晃，又像一具僵死的虫尸。这样，一些爱吃活食的天敌，就不会对它感兴趣了。如果它的假死的骗术失灵，被天敌识破，跳上去咬住它那“故弄玄虚”的长腿，此时大蚊会立即将自己的腿舍弃，迅速振翅逃飞。虽然，它因此而成了一只瘸腿的“残疾”蚊子，但却逃过了一场可怕的劫难，保住了性命。

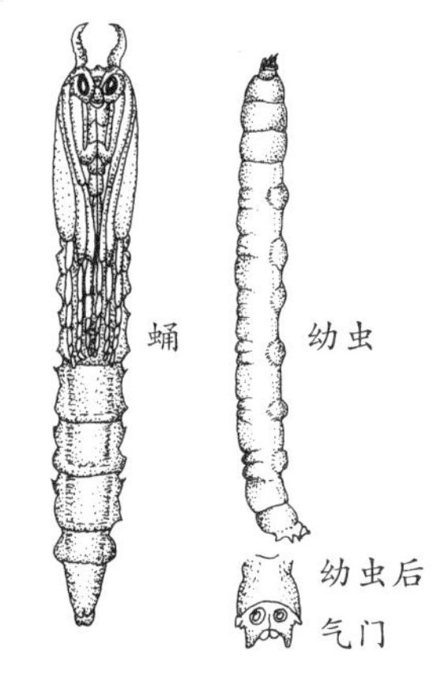

大蚊（长脚蚊）的幼虫和蛹

像大蚊这样施用“苦肉计”的保命办法，科学上称之为“断足自救”。

中国虎甲成虫

（5）“拦路虎”　在炎热的夏秋季节，当你漫步在草原或林间小径时，常看到一种昆虫，它长触角，大“眼睛”，一对钳形的大牙，又长又细的毛腿，一对铜绿色的鞘翅上镶嵌着几个金黄色的圆星，外衬白色边缘。它有时静栖在路旁的沙土地上，有时忽西忽东在草丛上敏捷地飞行。这就是虎甲虫（成虫）。当人们在路上行走时，虎甲虫总是在距离行人面前三五米处，头朝向行人停下不动，只要你向它走去，它又低飞着绕个圈飞回来，仍然头朝向行人，像是在跟人开玩笑，又像是在显示它的“虎威”。因它总是挡在行人面前，故又有“拦路虎”之称。其实虎甲虫的这种动作，是在等待捕食因人行走时而受惊飞起来的小虫子。

虎甲成虫长得很美，但它的幼虫却非常丑陋。虎甲幼虫体色灰褐，头上长着一对大牙，腰弯、背驼，第五腹节背面隆起，上面还有一对倒钩，满身长有长毛，样子很像个小骆驼，孩子们叫它骆驼虫。

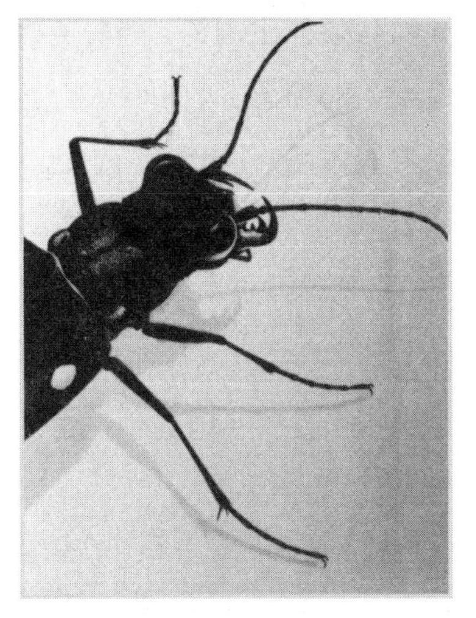

中国虎甲头部

金星虎甲在追捕“猎物”

骆驼虫也是肉食性，但它捕捉食物的方法“别具一格”。骆驼虫平时就生活在成虫挖好的垂直形洞中，休息时遁入洞底，捕食时向上爬到洞口，用弯曲的身体和背上的倒钩固定住身体，一对大牙露出洞外，等待小动物爬过洞口时，突然袭击，用牙咬住再拖到洞中吃掉。这种“守株待兔”的捕食方法，难免有时挨饿。小骆驼虫也很聪明，它会使出诱食的方法，把一对大牙和颚须伸出洞外，轻轻晃动，模仿小草被风吹动的姿态，吸引小动物上钩。这种诱捕食物的方法，也会暴露自己，引来“杀身之祸”。当然它也有自卫之法，当有天敌攻击时，它便蠕动身体，迅速退到洞底。若被天敌叼住大牙和颚须，它会利用腹部背上的逆行倒钩，牢固地钩住洞壁不放，天敌则难以将它拉出去。

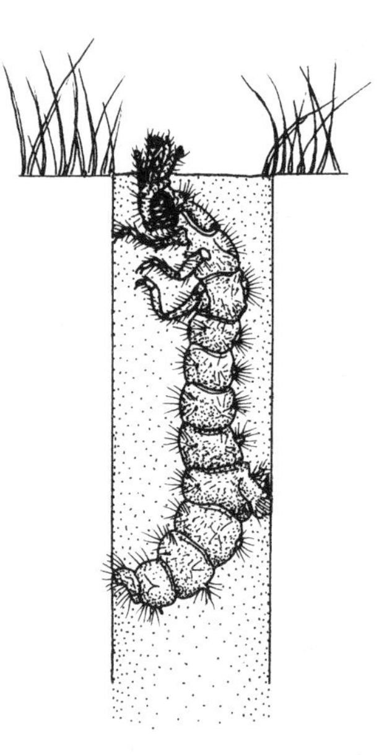

虎甲幼虫在地穴中的姿势

（6）蝼蛄的“五技” 农田中常见有横七竖八的土洞洞，这些洞可不是自然形成的，而是专门偷食农作物根茎、幼苗和种子的地下害虫——蝼蛄，挖掘出来的。

华北蝼蛄在地下土洞中栖息

蝼蛄为了生存，经过长期不断地适应，从生活中获得五种“绝技”。因此，古人称它们为“五技鼠”。

蝼蛄前翅短小，且软弱无力，但它隐藏在前翅下的那对后翅，却相当发达，不但可远飞数丈，也能高飞过屋脊。为了在洞中活动方便，它竟能与众不同地将后翅双重折叠成卷筒状，顺伏于体背，减少了爬行时的阻力。这可谓蝼蛄的“一技”。

蝼蛄的前足特化已不适于攀登，但依靠短粗的中足和后足仍能攀缘上树，爬过土坡和草地。这是“二技”。

蝼蛄的足上虽没有排状的划水毛，但靠六足快速挠动，使水逆流产生反推力，也能泅过池塘、小溪而不至于被淹死。这是蝼蛄的“三技”。

蝼蛄的身体构造

蝼蛄的一对前足粗壮有力，原来的腿节变得短而宽，胫节和跗节特化成片状，内侧还有几个锋利的齿，既适宜于挖洞，又能用来撕裂和切断植物的根系。这就是“四技”。

蝼蛄翅上的发音器官很不显眼，但在夏末秋初却能发出连续不断的嘤嘤声，声调虽不优美，但也协调有序，这是蝼蛄来召唤异性的“求爱曲”。会“唱”“求爱曲”是蝼蛄的第五技。

由于蝼蛄大部分时间生活在土洞中，终年温度变化不大，因而世代极不整齐，同一季节常有不同龄期的若虫及成虫同时存在，因此，存在着世代重叠现象。一般说一年或三年完成一代，以较大龄期的若虫及成虫过冬。

成虫于每年的6月间在地表下20厘米左右的土层中，挖个宽敞的“育儿室”产卵，平均每个雌虫可产卵300余粒。卵孵化出来的若虫，不但长相似“父母”，就连那挖洞的本领也是“祖传”下来的。若虫的脱皮次数也可说是一绝，有的竟达14次以上。

蝼蛄产在地表下土穴中的卵堆

(7)蜻蜓有四奇　一奇飞行速度快，可与飞机比高低；二奇悬空定位演绝技；三奇咬着尾巴举行“婚礼”；四奇陆生“父母”，水生“儿女”。

黄蜻蜓

蜻蜓的飞行速度很快，每秒钟竟能飞出18～20米远，并能在空中连续飞行数百千米而不着陆，若以身体的大小及重量与飞机相比较，则远远超越飞机的飞行性能。

蜻蜓之所以能飞得这样快，除了翅上布满密如蜘蛛网状的翅脉、能承受巨大气流的压力外，在翅的前缘中央，还生长着一块极其坚硬的叫做“翅痣”的黑色斑，它起着保护翅膀的防颤作用，这就维持了身体的平衡，加快了飞行速度。据说，飞机设计师们从仿生学角度研究了蜻蜓翅的构造，从中受到启示，也在机翼的前缘装上了一块较厚的金属板，提高了飞机的飞行速度及安全性能。

蜻蜓有着奇妙的飞行绝技。它们飞行时忽高忽低，时快时慢，有时竟能微抖双翅来个 180° 的大回转，姿势非常优美。它们在飞行过程中，能用翅尖绕着一点做“8”字形的动作，还能以每秒钟 30 ~ 50 次的高速颤动，来个悬空定位，酷似直升机的空中定位姿势。

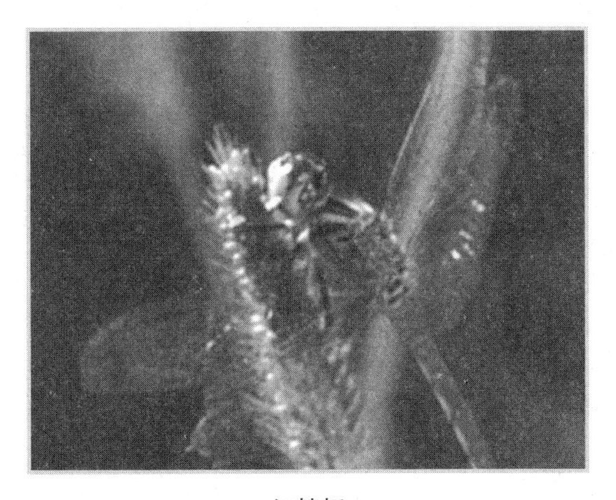

红蜻蜓

蜻蜓的交尾是在空中飞行中进行的。当雄蜻蜓性成熟后，便将精子从腹部末端的生殖孔中，移入到腹部第二节下面的贮精囊中，然后追逐雌蜻蜓，选择配偶，并能快速地用腹部末端的抱握器（由上附器和下附器组成的握夹），抱住雌蜻蜓的颈部或前胸；此时如雌蜻蜓接受“求爱”，便用足抱住雄蜻蜓的腹部，并将身体弯曲，使腹端的生殖器伸向雄蜻蜓的贮精囊中，接受精子，使体内卵巢中的卵受精。这就是蜻蜓咬着尾巴举行“婚

蜻蜓的交配姿势

（下边的是雌蜻蜓）

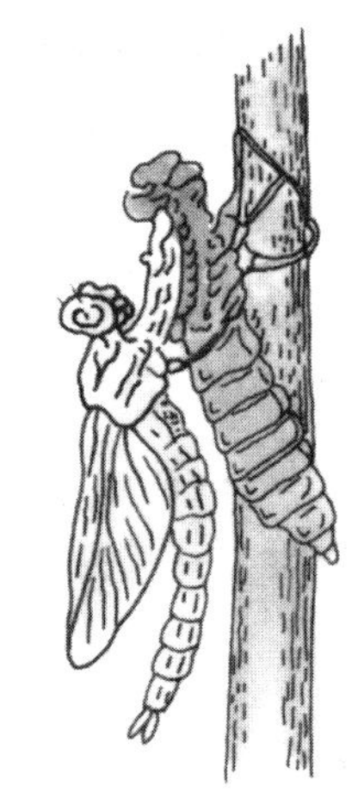
刚从稚虫挣脱出来的成虫

礼”的全过程。

雌蜻蜓经过交配受精后，便飞临水面上空，选择有水草
的区域，进行一次次的俯冲，并将腹部在水中点上几下，这就是人们常说的“蜻蜓点水”。看起来像是戏水玩耍，其实它是在向水中产卵。卵粒附着在水草上，在自然水温下过上 10 天左右，便孵化出一只只身体扁平、成青灰色的小稚虫（水生不完全变态昆虫的幼期称稚虫）。人们叫它水虿，这是因为稚虫捕食东西时，不是用牙齿咬，而是伸出头部下方那个像抄网一样的下唇，把水中的孑孓、蝌蚪和其他水生小昆虫搂到嘴里吃掉。蜻蜓的稚虫能在水中生活一二年，经过多次脱皮，由小长到大，老熟后便顺着草茎爬出水面，脱去稚虫形态的皮，羽化为成虫——蜻蜓，在空中自由自在地飞翔。

蜻蜓头的正面

绿蜻蜓

（8）用足品尝食物的昆虫　每种昆虫当发育到成虫期时，它们的胸部下方都有六条分节的足，这已成为昆虫的主要特征。足是昆虫的主要运动器官，有了足就可以带动身体去选择适宜的生活场所，寻找可口的食物，求偶交配，甚而可以逃避天敌的追捕。

鳞翅目中属于蛱蝶科的蝴蝶，它们有着共同的特点，就是前足明显特化，胫节短，跗节退化成为只有一段锥形体，而且顶端失去了用来抓着物体的爪，近乎两节连体，但上面却布满了起着触角作用的长毛，停息时不是伸向前方，而是卷曲在前胸下面，只有在中足、后足作跳跃式的爬行时，才伸出来左敲右打，去触摸前方的物体，起着探路的作用。

大红蛱蝶，也叫赤蛱蝶，由于它也危害苎麻，又名苎麻蛱蝶。大红蛱蝶每年发生三代，以蛹在树木或杂草的茎上过冬，也有成虫在各种建筑物的缝隙中过冬的记载。

大红蛱蝶的成虫，翅以黑色为主，在顶角部位有几个小形的白斑，中央有一条宽且不规则的红色横带，基部及后缘为暗褐色；后翅为暗褐色，只有外缘镶有红边，红边中间有一排黑色小点，臀角黑色，上有闪光的青蓝色鳞片，十分美丽。

大红蛱蝶成虫

大红蛱蝶成虫羽化后，常飞舞花间，伸出长吻在花朵中吸吮几下，但它不十分馋食花蜜，而是寻找榆树、柳树、桦树等树木的伤疤处，去吸吮渗出的汁液。大红蛱蝶对不同树木上的渗出液并不是没有选择,但选择的方法不是用嘴试探,而是用中足和后足上的跗节踏查探试,若认为可口,则伸出口吻取食,若不可口便另选他处。这种用足品尝食物的习性在蝶类中堪称奇特。

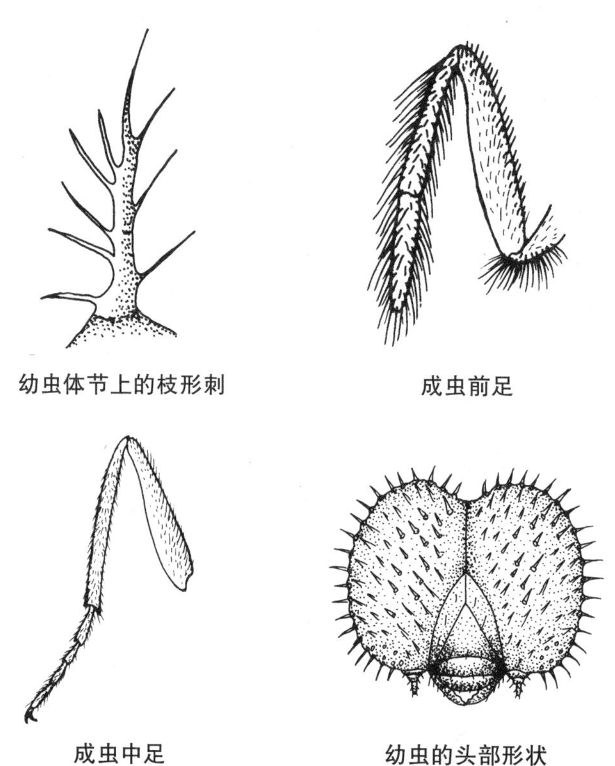

幼虫体节上的枝形刺　　成虫前足

成虫中足　　幼虫的头部形状

人们做过这样的实验,捉一只羽化不久的大红蛱蝶,将它放在上面有盖子的纸盒中,在盒子两面各开一个能伸出头和足的小圆洞,一个洞的外面放上一个盛有清水的玻璃器皿,另一个洞外放一个盛有糖蜜水的玻璃器皿。实验开始,蛱蝶先是伸出足来,踏查玻璃器皿中的物质,若是清水便缩回盒中,若是糖蜜水便伸出口吻(嘴)不停地吸吮,直至喝饱为止。由此可见蛱蝶的味觉器官是在足上。

大红蛱蝶吃饱后,便到处飞翔,寻找异性交配,而后寻找寄主的嫩梢叶片产卵。产卵前也是用足不停地移动,踏试这种叶片是否适合将来幼虫

(完全变态昆虫的幼期称幼虫)的口味,然后才把卵产下。卵孵出来的小幼虫,一面取食,一面吐丝,将几片嫩叶缀连在一起,成为它的保护网。

大红蛱蝶将近老熟的幼虫

大红蛱蝶幼虫的长相也不一般,头黑色,近方形,上面生有许多棘刺。紫黑色的身体表皮,均匀地分布着黄条,每个体节上有5对很发达的枝形刺,这些刺也起到了保护体壁的作用。幼虫虽经5次脱皮,但没有明显的换装现象,只是由小长到大。幼虫老熟选择枝干,吐丝连体,倒垂下来,不

大红蛱蝶在寄主叶片上的垂蛹(挂蛹)

久即脱去幼期的皮，变成褐绿色、镶有许多金色斑点的蛹，人们称这种倒挂的蛹为垂蛹或挂蛹。在这外部似静止但内部却起着激烈变化的蛹期，只要有天敌骚扰，蛱蝶的蛹会靠体节的伸缩，猛然摆动，驱赶来敌。昆虫的多种拒敌现象，可算是生活中的本能了。

七、人类的大敌

1. 绿色植物的杀手

昆虫有挑食的脾气，而且对喜欢吃的食物范围，限制得还很严格。人们做过这样的统计：在所有的昆虫中，喜欢吃植物的种类占48.2%；吃腐烂物质的占17.3%；寄生性昆虫占2.4%；专门以其他小动物为食的捕食性昆虫占28%；其他一小部分什么都吃，人们叫它杂食性。从以上统计中可以看到，吃植物的昆虫是大多数。

100多万种昆虫中，有近一半种类以绿色植物为食料维持它们的生命和延续后代，因此几乎每一种植物都受一种甚至几百种昆虫危害。例如棉花就有310种害虫危害，水稻有250种，玉米有52种，苹果有160种，桑树有195种，柳树有81种，榆树有100多种害虫危害。农作物收获以后，还要遭受储粮害虫蛀食。世界上约有300多种仓库害虫，其中约有50余种可造成严重危害。有一种叫舞毒蛾（属鳞翅，毒蛾科）的昆虫，能取食485种植物的叶子。一种金龟子（属鞘翅目，金龟子科）可危害250种植物。昆虫已成为绿色植物的“杀手”。

昆虫危害森林，能使大片树木枯死，造成生态环境失调，水土流失，洪水泛滥；它们危害庄稼，则可导致作物颗粒无收，遍地荒凉。

（1）蝗虫　蝗虫危害，历史之久，数量之多，食量之大，超过各类昆虫，实属绿色植物的灾星。我国春秋时代《诗经》中说“去其螟螣，及其蟊贼，勿害我田墀”(《陆玑疏》：螣，蝗也)，就已经把蝗虫列为农作物的头等虫敌了。几千年来，人们把水灾、旱灾、蝗灾并列为三大自然灾害。唐贞元元年(785年)，陇海一带发生蝗灾，“东自东海，西尽河陇，蔽天旬日不息，所至草木叶及畜毛靡有孑遗，饿殖枕道”。明崇祯13年(1640年)，河南洛阳一带发生蝗灾，其惨状被形容为“草木兽皮虫蝇皆食尽，父子兄弟夫妻相食，死尸载道”。蝗灾的惨状明诗中也有描述：“飞蝗蔽空日无色，野老田中泪垂血，牵衣顿足捕不能，大叶全空小叶折。去年拖欠鬻男玉，今岁科征向谁说。”中国古老史书，孔子所作的《春秋》中，就记载蝗灾12次。在以后的2 000余年中，发生大规模蝗灾804次，平均每三年一次。1922年江苏遭到蝗灾侵袭，蝗虫数量之多，竟把沪宁铁路全部遮盖，司机看不到路轨，致使火车停驶。1944年山西遭受蝗灾，太行山附近23县均无幸免，曾发动群众25万人灭蝗，共捕蝗虫1 200多亿只，如把它们头尾相接，全长可绕地球一周半。

成群的蝗虫在蚕食农作物

(2)螟虫　危害玉米的玉米螟虫(属鳞翅目,螟蛾科)食性很广,仅我国已记载的就有53种植物受害。吃叶则破坏组织,夺取玉米营养;蛀茎则风吹秆折,颗粒无收。一般年份减产10%~20%,严重年份有一半玉米无收成。

水稻螟虫在3 000年前已是种植水稻的大敌。受到危害后,田间白穗累累,叶苗枯萎,减产过半。周尧1957年在《中国早期昆虫学研究史》中考证,螟虫在我国是仅次于蝗虫的大害虫。前面引的《诗经》句子"去其螟螣,及其蟊贼",就是把螟虫与蝗虫并列相提的。汉书《毛享传》说:"食心曰螟,食叶曰螣,食根曰蝥,食节曰贼",把危害植物的四类害虫清楚地分开。吴《陆玑疏》记载:"螟似仔仿而头不赤;螣,蝗也;贼,桃李中蠹虫,赤头身而细,或曰蝼蛄食苗根"。

(3)松毛虫　松毛虫(属鳞翅目,枯叶蛾科)是针叶林10余种松树的大敌。我国已有浙江、山东、河北、广西等20余个省(区)市遭到其严重危害,大发生时,数日间即能将青山绿林变为秃枝残梗,远望如火烧,近看虫满树,虫粪盖满地。松树受害后,长势受损,甚至衰萎枯死。据1952年湖南零陵林管处调查,仅零陵、祁东等五县,被害面积即达253万余亩。1953年辽东长白山西部天然落叶松林,受害面积达43万余亩。松毛虫不但严重破坏森林资源,也使收割松脂的副业生产受到损失。改革开放前林区人民常靠松脂收入换取油盐粮米,那时林农常皱眉长叹说:"毛虫把我们的油筒、盐壶、米瓮都给敲掉了"。近期每年发生面积仍有3 000万~4 000万亩,仅木材一项约损失500万立方米。

(4)桑螨　植桑养蚕历来是我国蚕农的一条生财之路。到1984年我国蚕茧产量已达到30.9万吨,生丝产量达2.8万吨,均属世界首位。但有些昆虫却要与蚕儿争食桑叶,其中主要的应首推桑螨(属鳞翅目,蚕蛾科),在主要产丝区的江苏、浙江各省尤为严重。20年代曾对它的危害做过这样的记述:"幼虫食欲旺盛,脉叶俱食,每当仲夏,满园桑叶,尽成黄脉,稍迟则见黄茧累累,结于残叶,嗣则成虫羽化产卵,遗祸匪穷,且影响树势衰老,叶量减少,其受残害者,宁掘桑株,转艺农作,损失之钜,良可浩叹"。

根据我国昆虫学家祝汝佐先生的调查,1929年江苏吴江县因受桑蟥灾害,损失28.8万余元;无锡县损失53万元。浙江省杭、嘉两县损失500万元。1932年上述各县损失达240万元。

新中国成立后江南蚕区开展大力治蟥,并在栽培桑园技术上采取提高植株密度,培育矮化桑树等措施,一度压低虫口密度,减轻了受害程度。进入80年代蟥害又趋回升。1981年仅浙江湖州市受害面积已达3 300亩,其中菁山乡有七个村严重发生,有40%的专业桑园遭到蟥害。近年山东临朐、沂源、蒙阴一带,年年蟥害成灾。据统计,全省每年约有600万株乔木桑受害,致使秋蚕无法饲养。当地人民有“一年蟥,十年荒”的说法,可见桑蟥对桑树危害之巨,大有扼杀养蚕业的危险。正是:“虫小危害大,绿色杀手实可怕,防虫意识要加强,保护环境建四化。”

(5)棉铃虫　棉花是重要的轻纺原料,由于棉铃虫的危害,致使蕾、花、铃被害率高达30%~60%,一般年景也减产三至六成,不但影响轻纺工业的发展,也使棉农受到极大的经济损失。国务院特别召开了防治棉铃虫会议,全国科协也动员有关学会把防治棉铃虫作为当前的中心任务。

棉铃虫属于鳞翅目,夜蛾科。别名:棉铃实夜蛾。

成虫体长14~18毫米,前翅展开达30~38毫米。头胸及腹部呈褐绿色,有的呈淡红褐色,或淡青灰色。一般说雄蛾体色深,较鲜艳,雌蛾体色稍浅,较暗淡。前面一对翅的基部有两条不明显的褐色线,内线褐色双行,像锯齿形,中室有一带褐边的圆环,中间有一褐色点,中室以外有个较大的肾形纹,外镶褐色边,中间还套着个较小的肾形斑;翅的中部有条叫中线的褐色弯曲细线,外线形成一条深褐色宽带,近外缘的各翅脉间有黑色斑点,翅缘鳞毛灰褐色;后翅黄白色或浅黄褐色,脉纹明显,为淡褐到黑色,靠近外缘变成棕褐色。

棉铃虫在北方(黄河流域)每年发生3~4代,在南方(长江流域)可达5~6代。北方一般在7月上旬严重危害棉蕾,有的年份8月到9月严重危害花朵及嫩铃。南方集中于7月中旬到8月下旬危害。都以蛹在受害田附近的棉柴堆、玉米秆堆以及晚秋开花杂草地段3～10厘米深的土中做土茧化蛹过冬。

过冬蛹翌年5月间开始羽化为蛾，先在早茬玉米、豆类及杂草上完成一代二代，成虫随后迁入棉田。成虫白天潜伏于棉叶下，日落后开始飞翔，寻找开花植物上的蜜源，吃食花粉补充营养。下半夜雄雌交配，经2～3小时后雌虫即选择生长势头好的，蕾、花较多的田块产卵，产卵期可延续7天左右，每只雌虫可产卵700～1 000粒。卵经7～10天的胚胎发育即孵化出小幼虫，孵出时间多在下午日落前后。

幼虫期共蜕皮4次，5龄，1～2龄幼虫蜕皮时喜欢在叶背面，3～4龄蜕皮转移到蕾、花、嫩铃的包叶上。不论哪龄都有吃掉蜕下的老皮的习性，只剩头壳，因此在棉田中很难找到它蜕下来的老皮。

棉铃虫喜在温度24～28℃和相对湿度70%的气候条件下生活。雨量多少对它的发生、繁殖有直接影响，在北方一般雨量偏多，而且较均匀的年份适宜发生。急风暴雨能将棉株上的卵冲刷掉，可降低发生数量。在土中化蛹阶段，降水天数过多，特别是阴雨连绵天气过长，土壤含水过多，能使部分蛹窒息或受病菌感染而死亡。

棉铃虫食性很杂，除危害棉花的嫩尖、蕾、花及铃外，还危害番茄、豌豆、玉米、大豆、洋麻、苘麻、亚麻、高粱、青椒和南瓜等的蕾、花、果实及嫩穗。棉铃虫的发生常世代交错，因此，从棉花显蕾至拔棉柴前，都能在棉田看到它的危害。

棉铃虫幼虫危害蕾、花、铃时，一般从基部蛀入，蛀孔不完整，孔径约5毫米，蛀食后排泄的粪便常在蛀孔外沾挂着。一头幼虫一生可蛀毁蕾、花、铃20多个，几乎可把一株棉花上的蕾铃全部蛀完。

2. 病魔的帮凶

人们常说："谈虎色变"，可是老虎再凶，也绝不会吃掉成千上万个人。

而由昆虫传播的多种疾病，却能使千千万万的人致死，难道这不比老虎凶残百倍吗？

蚊虫（属双翅目，长角亚目，蚊科）体型小，最大的种类翅长也不会超过10毫米。只要有水或阴暗潮湿的环境，就能大量繁殖，给人类造成灾难。

按蚊传播的疟疾（打摆子），是严重危害人体健康的虫媒传染病之一。早在《黄帝内经·素问》第十卷内已有“疟热论”篇，并提出它与气候有关。我国西南地区自古流行恶性疟疾，名曰“瘴疠”，俗称“瘴气”。尤其在云南边境约10万多平方千米的范围内，过去传播十分严重，死亡惨重，一度形成“有地无人种，城镇变废墟”的凄凉景象。久而久之，惧怕到这些地区去的民谣也相继传开，如“要下芒市坝，先把老婆嫁”，“要往耿马走，先把棺材买到手”，“十人到勐腊，九人难回家”等等。足见疟疾病的危害在人民心目中所引起的恐惧是多么严重。

1901年，法帝国主义修筑滇越铁路，开工第一年，即因疟疾病发生而死亡民工5 000余人。远地招来的民工，由于不适应当地气候，抗病能力低，几乎无一生还。法国官方记载，“筑路九年，死亡四万”，故有“一根枕木一条命”的说法。

据有关统计，新中国成立前全国每年疟疾发病人数在3 000万以上，受到威胁的人口多达3.5亿。不但云、贵两省疟疾猖獗，1936年东部沿海的江苏省如皋县也因蚊传疟疾，死亡人数多达2万余。

1930年远东热带病医学会报告，泰国每年死于虎口的平均有50人，而死于疟疾的却多达5万人。

蚊虫是怎样寻找叮咬目标，又是怎样把病原传入人体的呢？不论何种人种、年龄、性别，没有不与蚊虫打交道的，谁都领教过被它叮咬后的滋味和它那“神出鬼没”的绝技。

只有雌蚊才咬人，因为它需要吸食血液来补充营养，以完成繁殖后代的任务。雄蚊的任务只是与雌蚊交配，交配后即宣告寿终。

蚊虫在夜间寻找叮咬吸血目标时，除靠每秒钟振动250～600次的翅膀加快飞行速度外，主要依靠头上的触角和足上的传感器，来探测到人的位置。蚊虫可从顺风的位置嗅到人在睡梦中呼出的二氧化碳气味，然后迂回盘旋，逐步接近，只到距离几厘米时，可憎的“嗡嗡”声才能把人吵醒。这种扰人的声音，来自翅膀的振动速度和胸部肌肉的颤抖。当蚊虫在你身体周围飞翔时，依赖足上的近距离传感器，感应到人体的温度、湿度和汗液成分以及气味，从而决定你是不是合适的吸血对象。人的气味也是不同的，所以常听说“有人爱招蚊子，有的人蚊子不咬”。

蚊子嘴由六根很细的尖螯针组成，其中两根是食道管和唾液管，两根是专门用来刺破皮肤的(一对上颚)，另有两根是锯齿状的刀(一对下颚)。外面有一层鞘状槽把这些器官包着。嘴的末端还有个夹子形的钳，把六根螯针扎成一束。蚊虫就用这个构造复杂的叮人“武器”来吸食血液。

蚊虫吸到带有疟原虫的血液后，疟原虫的配子母细胞，便在蚊虫胃内变为雄、雌配子，两者经过交配成为可运动的合子，然后穿过蚊虫胃壁，在胃壁外膜下附着，成为囊合子。再在囊合子内发育成许多孢子体，待孢子体发育成熟，便破囊而出，穿入到蚊虫的唾液腺中，蚊虫再咬人时，唾液中的孢子体随之注入人体，便使人受到传染。

蚊虫吸血传病也有一个复杂的过程。开始吸血前，先刺破人的皮肤，然后将唾液通过那根纤细的唾液管慢慢注入，在皮下与血液混合，使其不会在口器内凝结。在运用这种抗凝固剂后，它才用较大的螯针吸进足够的血液来。由于蚊虫体型较小，即使刺吸 10 ~ 20 次，也只有眼药水滴管一滴的分量。

蚊虫吸完血后，剩余的唾液残留在皮下，在被吸者皮肤上形成肿块。这种残留液多属于酸性物质，只要用些碱性物质或氨稀释液涂抹后，便可消肿止痒。

蚊虫不但可传染疟疾，还能传播黄热病、丝虫病、回归热、脑膜炎等疾病。1802 年法军远征海地时，企图夺取密西西比河谷的控制权，由于蚊虫在这一带传播致命的黄热病，终于阻止了法军前进。1876 年在开挖巴拿马运河时，因黄热病及疟疾的流行，曾使无数工人丧生，到1889年不得已而停工。后来派遣了昆虫学专家解决了蚊虫问题，才继续开工，完成了此项巨大工程。

作为病魔帮凶的昆虫还有很多种。虱子可传染斑疹伤寒、流行性回归热和战壕热。苍蝇传染肠热病、痢疾等病。在非洲有一种叫崔崔蝇的昆虫，专门传染睡眠病，人被传染后，久睡不醒，直至死去。

昆虫作为虫体媒介传染的疾病还很多。旧社会科学不发达，缺医少药，封建迷信横行。穷人得病常求救于烧香求神，结果巫婆神汉乘机骗取钱财，病没治好，人财两空。只有相信科学，防虫治病，病魔才能消除。

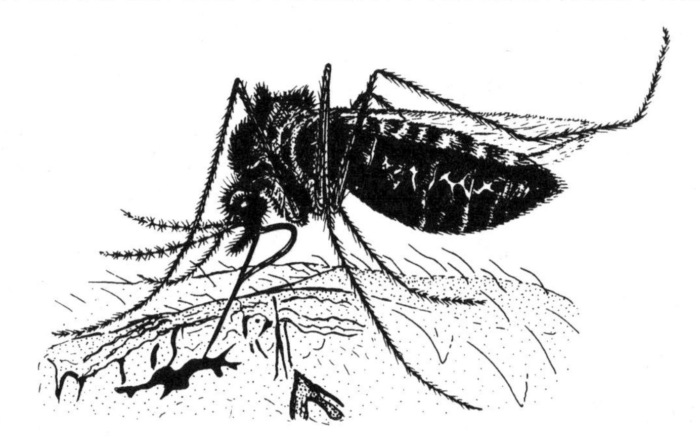

蚊虫用针状刺吸式口器叮入人的皮肤吸吮血液

3. 吸血鬼

跳蚤的身体虽然只有芝麻粒那么大，可是它吸起血来却是那么凶残。跳蚤（属蚤目，蚤科）为完全变态昆虫。由于多种病原体能在跳蚤体内保存和繁殖，因此，它不仅以叮刺和吸血对人们造成干扰危害，更严重的是它们还是腺鼠疫和鼠源性斑疹伤寒等重要疾病的传播媒介。无论传染哪种疾病，都是通过吸血时把病菌输入被吸者体内而实现的。鼠类——→鼠疫杆菌——→跳蚤——→人，这就是跳蚤传播鼠疫的过程。

吸血是成蚤摄取营养的唯一途径，只有吸取到足够的血量，雄、雌跳蚤才能性成熟，交配，生殖后代及维持一定时间的寿命。跳蚤一日吸血的次数，不同种类、不同性别，在不同温湿度和不同环境下，对不同宿主都不相同，一般说，毛蚤比巢蚤多，雌蚤比雄蚤多，气候干燥温度高时比气候潮湿气温低时多。有一种叫印鼠客蚤的种类，在自然状态下，一天至少要吸血 2 ~ 3 次。猫栉首蚤一日需要吸血多达 12 次。每次吸入的血量也有多有少，这与不同蚤类胃口的大小，当时的生理状态有着密切关系。游离型的印鼠客蚤，雌性每次吸血量为 0.18 毫克，雄蚤为 0.1 毫克，同日间第二次吸血量要比第一次有所增加。半固定型的长吻角头蚤的雌虫，24 小时的吸血量竟多达 13 ~ 17 毫克，足足超过自身体重的 20 ~ 30 倍，简直称得上是“吸血鬼”了！

跳蚤吸血时，是用头上下颚内叶和内唇刺穿宿主皮肤，接着再用内唇形成的针状吸管刺入毛细血管中，或从皮肤破口流出来的血液中吸取。并不是只要宿主皮肤上有了破口跳蚤就能吸到血，它先从唾液腺中分泌出足够的唾液，用来防止宿主的血液凝固和促使宿主血管扩张，便于将血液吸入体内。唾液还可使宿主皮肤产生局部变态反应，出现红肿及瘙痒现象。

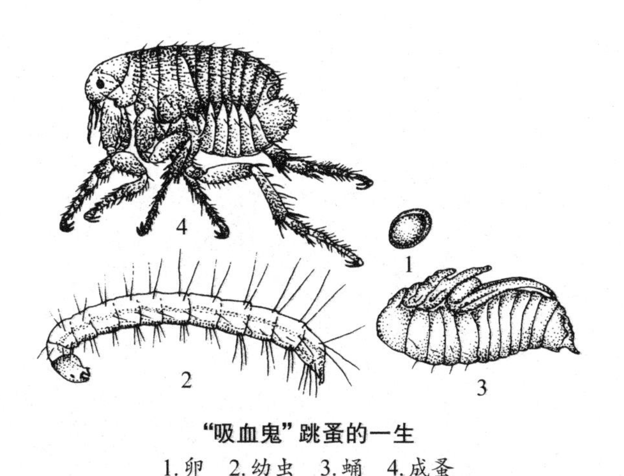

“吸血鬼”跳蚤的一生

1.卵　2.幼虫　3.蛹　4.成蚤

清代乾隆 57 ~ 58 年(1792~1793)间,鼠疫猖獗流行,造成触目惊心的凄惨景象。清人师道南在《死鼠行》里哀叹道:“东死鼠,西死鼠,人见死鼠如见虎,鼠死不几日,人死如折堵。昼死人,莫问数,日色惨淡愁云雾,三人行未十多步,忽见两人横截路……”。就是这位《死鼠行》的作者,不过数日也被“疫鬼”夺去了生命。直至 1914 年,我国东北还曾因鼠疫流行造成 50 余万人死亡。

其他国家因跳蚤吸血传播鼠疫，造成人员大量死亡的情况也并不鲜见。1913~1914 年仅一年时间，印度竟有 270 多万人的生命被鼠疫病魔吞噬。1347 年意大利运载香料的商船,把老鼠从黑海岸运到热那亚码头,带有鼠疫病菌的老鼠偷爬上岸。时过不久，当地市民身上出现淋巴结肿大，皮肤上出现了腺鼠疫所特有的症状,即深色的疙瘩,从那时起,老鼠传播的这种致命疾病就被叫做“黑死病”。时过不久,死亡的魔影很快蔓延到整个欧洲。流行三年后,这次人类历史上最严重的瘟疫才停止下来,但 2.5 亿人的生命已被夺去,死亡人数约占当时欧洲人口的 1 / 4,不少城镇也因此而毁灭。

八、利用昆虫为人类造福

人们提起昆虫来，总认为它们是人类的祸害。这也难怪，昆虫确实给人类带来一定的危害，如鲜嫩的蔬菜被菜青虫、甘蓝夜蛾幼虫吃得千疮百孔；大田中的玉米、小麦、水稻等庄稼被玉米螟、黏虫、蝗虫、多种螟虫咬得叶碎枝残、茎折秆断；生长茂盛的棉花被蚜虫、棉铃虫、金刚钻等糟蹋得枝叶卷曲、花破蕾落；香脆的鸭梨、苹果、枣子遭虫蛀，鲜桃、柑橘也被蝽象等害虫叮得满身都是硬疤；即使是经过辛勤劳动而收获回来的粮食，或天然纤维编织成的衣物，也难逃米象、麦蛾、谷盗、皮蠹等多种仓库害虫的危害；林木及木材建筑也会因多种蛀虫危害，树木折断，木材蛀空，甚至房倒屋塌、火车出轨（以前铁路上的枕木是由木材制作，常遭白蚁蛀空）等等。但人们千万不能忽略昆虫之中还有不少种类是人类社会中不可缺少的朋友，即便是对待有害种类，也可通过科学治理达到减少危害的目的。随着生物遗传基因工程研究的不断深入发展。变害虫为益虫已指日可待。更何况害虫种类也并不像人们想象中的那么多。

据科学家们统计，地球上现知约有的100多万种昆虫中，有害昆虫约8万余种，能真正造成危害的也不过3 000余种，在同一个地区能造成严重危害的昆虫也不过几十种。以上数字可以证明“昆虫并不等于害虫”。

1. 昆虫——可管理的自然资源

随着科学的发展，对人类有益的昆虫，或变害为益的种类，已经成为可管理的自然资源而造福于人类。

“资源昆虫”是在一定的时间条件下，能够产生经济价值的、提高人类当前和未来福利的有用昆虫的总称。我国资源昆虫极为丰富，种类之多居各国之首。

2. 工业昆虫

目前已知的工业昆虫约有40余种。工业昆虫是指那些在生活中产生的分泌物、丝、酿造的物质等可作工业原料的昆虫。我国对工业昆虫的利用已有很长的历史。约公元前1000年，我国劳动人民已经将蚕驯化为家养；家蚕、蓖麻蚕、柞蚕、樟蚕、樗蚕等吐的丝，也都很早被用作纺织工业的重要原料。这样的工业昆虫及产物种类还很多，如五倍子是一种角倍蚜在盐肤木树上形成的虫瘿，其中含有丰富的鞣酸，是制造皮革不可缺少的重要原料，还可用来制作黑色和蓝色染料；紫胶，又名火漆，是紫胶虫的分泌物，经提炼后可制作油漆、高级油墨、绝缘物和唱片，在天然橡胶中加适量紫胶，可提高橡胶的韧性；白蜡是一种蚧虫的分泌物；蜜蜂酿造的蜂蜜、蜂乳、蜂蜡是制作营养品、化妆品溶剂、蜡纸、蜡笔不可缺少的原料。

3. 药用昆虫

现已知的药用昆虫约有300余种。我国民间研究和应用昆虫治疗疾病已有悠久历史。早在《周记》和《诗经》中就有用昆虫与其他中药材配伍制作中药的记载。《神农本草》中已记载有药用昆虫21种；李时珍的《本草纲目》中记载药用昆虫73种，加上《本草纲目拾遗》中的25种，共计百余种。这些可作药用的昆虫隶属于昆虫纲中的14目、35科以上。如蝉蜕、虻虫、地鳖虫、蟋蟀、蝼蛄、桑螵蛸、僵蚕、蚕沙、斑蝥、蟑螂、蝉花、虫草、蚂蚁、胡蜂等等。有些是利用昆虫体内的活性激素，有些利用其所含的多种氨基酸、斑蝥素、石灰质、高蛋白及高脂肪。

药用昆虫：蝉
（蝉幼正在脱壳）

4. 传粉昆虫

有人这样比喻，“地球上如果没有植物，昆虫就不复存在；如果没有昆虫，植物也不会繁衍生存”。这话一点不假。昆虫是植物的主要传粉媒介。现在已知显花植物中，有85%是由昆虫传媒授粉的，只有10%是

传粉昆虫：蜜蜂

风媒传粉，5%是自花授粉。我国通过人工管理昆虫为葡萄传粉，座果率增加，产量提高9.46%。能为主要牧草“红车轴草”传粉的蜂类昆虫多达6科20属72种之多。为砀山酥梨进行昆虫传粉，可提高产量2~3倍等。大部分昆虫又以花蜜为食，由于往返花间，也就起到了传授花粉的作用。昆虫传粉还可改良种子，提高后代的活力，这也是使品种复壮的一种辅助方法。目前已知传粉昆虫多达300余种。

5. 食用昆虫

自古以来我国各族人民即有以不同种类昆虫作为食品的风俗习惯，有些还是御膳食品哩。在近代高层餐桌上昆虫也作为佳肴出现。如油炸蚂蚱、蒸蝗米、炒旱虾（均指蝗虫）、油浸蚕蛹、爆蚕宝、蚕蛹酱、油炸龙虱、龙虱火腿、烤干龙虱以及清炖蝉蛹、油炸茶象甲、蝇蛆八珍糕、食油箩蜂子、蚁蛹酱、蛴螬炖猪蹄、虫草珍鸡等佳肴均以昆虫为原料制作，有人还制作了蚁卵乳汁、虫茶饮、人参肉芽汤等昆虫营养饮料。还有人将昆虫与酒发酵陈酿后制成蚕蛹酒、蚁蛹酒。目前已知可食用昆虫多达600余种。

食用昆虫：龙虱

6. 饲料昆虫

昆虫体内多种复合营养物质，经烘干加工粉碎后混于家禽家畜饲料中，可补充动物质营养，提高产禽类的蛋量或畜禽的瘦肉率。可用于配制饲料的昆虫，称为饲料昆虫。经试验证明，在夏秋季用灯光诱虫养鸡，可使雏鸡增重 30%，产蛋率提高 25%。人们还利用灯光诱虫，招引大量昆虫作为鱼的饵料。据调查，淡水鱼的自然饲料中 70%左右为昆虫，其中蜉蝣、石蚕、蚊、大蚊等的幼虫或稚虫最多。目前已知饲料昆虫多达 1 000 余种。也可以说，除少数有剧毒的昆虫种类外，其余种类的昆虫都可经收集、加工后作为动物性饲料。

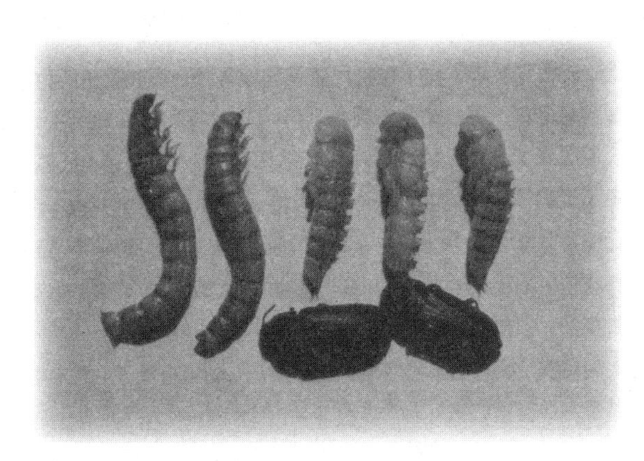

饲料昆虫：黄粉虫

7. 天敌昆虫

利用昆虫的天敌来治理和防治有害昆虫。早在公元 304 年就已被人们用来作为防治害虫的手段，这种治虫方式被称作“以虫治虫”。目前已知天敌昆虫约有 1 000 余种，包括在昆虫纲中的 7 个目 70 余科中。当前最为常见的天敌昆虫有：捕食性昆虫，如螳螂、草蛉、马蜂、胡蜂等；寄生性昆虫，如赤眼蜂、小蜂、茧蜂、寄蝇等两大类。

天敌昆虫：盗蝇

目前利用天敌昆虫来消灭有害昆虫的有：利用赤眼蜂防治甘蔗螟、玉米螟、稻纵卷叶螟、棉铃虫、松毛虫；利用澳洲瓢虫和移植大红瓢虫防治吹绵蚧壳虫；利用黑缘红瓢虫防治油菜绵蚧、桑绵蚧、槐绵蚧；利用红蚂蚁防治甘蔗螟、香蕉象虫；利用日光蜂防治苹果绵蚜；利用平腹小蜂防治荔枝蝽等等。利用天敌昆虫已取得明显效果。

8. 环境昆虫

环境昆虫是指能清除腐殖质垃圾及动物尸体的腐食性及肉食性昆虫。这类昆虫目前已知约有100余种。常见的有埋葬虫、阎魔虫、隐翅虫、皮蠹等甲虫，它们专门嗜食各种动物尸体；蜣螂、粪金龟等昆虫专门嗜食植物的集存腐质物；多种蝇蛆喜食人畜及家禽粪便；澳大利亚由于畜牧业发达，牛的数量过多，所排泄粪便太多，严重影响牧草生长，致使牛群因缺乏饲料而使畜产收入下降，不得不向我国引进粪蜣来清除粪便。昆虫还能与微生物互相配合，把污染环境的动、植物尸体及残枝落叶分解成简单的物质，变成有机肥料，再供给植物吸收利用。

9. 工艺观赏昆虫

我国可以利用的工艺、观赏昆虫达400多种，其中不乏鸣声幽雅、斗势威武、姿色艳丽、舞姿潇洒的昆虫。它们早已被诗人墨客作为吟诗作画的题材种类，或被人们制作装饰品及饲养成消闲取乐的宠物。近年来，随着人们的生活水平及文化素质不断提高，以昆虫作为工艺、观赏品的趋势将势不可挡。

利用蝶、蛾绚丽多彩的双翅制作贴画，利用金龟子、吉丁虫等鞘翅目昆虫镶嵌妇钗耳环，养蟋观斗，饲养蝈蝈听鸣，用昆虫制造人工琥珀已成为人们的一种爱好。目前，以昆虫娱乐为导向的观光旅游事业也逐步兴起，如山东省的国际斗蟋大赛会；云南省的大理以"蝴蝶泉"为引导的三月三旅游经贸节等。人们对昆虫外形的利用更是不胜枚举，如以昆虫为图案，作商标的烟盒、火柴盒已举目可见；用昆虫图案发行的邮票，早在100年前已开始盛行。在昆虫中，蝶更受人们的喜爱，目前我国已有民间以蝴蝶及其他昆虫用作展品的博物馆数十个。人们观赏、玩、斗昆虫的兴趣，随着经济、文化的发展将逐步提高。

在此值得一提的是，在这已知的约4 000种可利用的资源昆虫中，竟然也有严重危害农作物的蝗虫、蟋蟀、金龟子、吉丁虫、蝉、蝼蛄以及多种蝶、蛾类（幼虫）等。可见变害虫为有益，并非假说。

资源昆虫属于国家所有，在合理开发利用的同时，应注意对稀有濒危种类的保护，严格遵守有关生物多样性保护法规条例，严禁乱采滥捕、盗买倒卖。

九、昆虫家族中的“奇闻”轶事

1. 昆虫之最

世界上身体最长的昆虫，应属于产在马来群岛中部的婆罗洲的雌性竹节虫了。它的体长足有33厘米，如果加上触角和伸展开的前、后足，其长度高达40厘米。产于我国广西的竹节虫，体长也达24厘米。

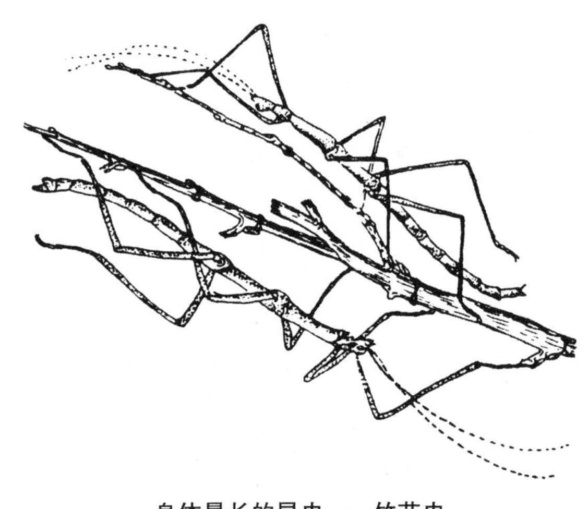

身体最长的昆虫——竹节虫

鳞翅目中体型最大的蛾类，应属乌桕大蚕蛾，双翅展开宽可达22厘米。乌桕大蚕蛾不但体型大，由于满身披挂橘黄色的鳞毛，镶嵌着纵横交错的黄白色花斑，翅上布满五彩缤纷的鳞片，把近似三角形的透明窗斑拥簇于中央，显得那么端庄俏丽，算得上蛾中之王了，故有“凤凰蛾”之称。

生活在印尼巴布亚新几内亚岛的叫做亚历山大鸟翼皇（也叫德拉女王翼蝶）的蝴蝶，展开双翅可达28厘米，可称蝶中之最了。

体型最大的蛾子——乌桕大蚕蛾

鞘翅目中最为壮观的应属阳彩臂金龟了，它不但体色鲜艳，光彩闪烁，称为一最的却是它那伸向前方的长臂（前足），足有70毫米，远远超过它的体长。同属于鞘翅目的赫氏大颚甲可称最的不是前足，而是雄虫的上颚，其长度可超过胸腹之和，足有60毫米，因而被人们取了个名副其实的名称：赫氏大颚甲。

大与小是相对而言的，那么昆虫中体型最小的种类应属哪些呢？

无翅亚纲中体型最小的应属于弹尾目中的跳虫了。跳虫中有些种类体长还不到2毫米，这与它们的生活习性及栖息场所有着密切的关系，因为有些种类终生和蚂蚁、白蚁同巢共居，“寄人篱下”偷吃残食的生活方式，只能以体小的优势才能生存下去。

有翅亚纲昆虫中体型最小的要属于膜翅目寄生蜂类中的茧蜂、姬蜂和小蜂科的一些种类了。因为它们是把卵粒产在其他昆虫的卵、幼虫和蛹体内，而且以寄主体内的组织维持生活，完成一生中的不同发育阶段。从它们终生食物的来源看，它们的身体有多小就可想而知了。更值得一提的是，有些寄生蜂的卵在产入寄主体内后的发育过程中，可分裂成许多个胚胎，发育成多个个体，这种生育方法，称为多胚生殖。一般一粒昆虫卵的直径最大也只近 1 毫米，卵中再分裂为许多个体，那么它们的体长只能用微米计算了。

2. 白蚂蚁与地球升温

科学家们发现，白蚂蚁对地球温度的逐渐升高起了推波助澜的作用。这种结论并不夸张，因为这与白蚂蚁的生活习性以及所取食的物质有密切关系。白蚁以木材、杂草、菌类为食。木材及草类组织中含有大量的纤维素，白蚂蚁在消化纤维素的过程中是依靠肠内的原生动物——鞭毛虫的作用，这些鞭毛虫能分泌纤维素酶和纤维二糖酶，把白蚂蚁吃到肠胃中的木质纤维分解成葡萄糖及其他产物。就在这种分解与消化过程中，同时也会产生出大量的甲烷气体排出体外。

为了证明白蚂蚁所排出的含甲烷气体究竟有多大量，美国大气研究中心专家捷姆曼做了一个实验，他将不漏气的胶袋套在白蚂蚁巢穴的顶部，收集巢中冒出来的甲烷，以此计算出一只白蚂蚁年排放的甲烷量，从而他估算出，全球约有 10 亿吨白蚁，年排放到大气中的甲烷可多达 1 亿多吨，相当于全球释放到大气中甲烷总量的 50%。因此，可以认为，白蚁释放到大气中的甲烷是引起温室效应、使全球气温升高的重要因素之一。

3. 昆虫与食物链

20 世纪 50 年代，麻雀被列为要消灭的“四害”之一。但经过调查研究证明，假如麻雀被大批除掉后，虫鸟之间就会失去生态平衡，使害虫猖獗，造成农业减产。从生态学角度来看，这是由于生物间食物链遭受破坏所致。在论述这个问题时，达尔文等人的一个著名关系式“猫—田鼠—三叶草—牛”便是生物链中生物的真实写照。

食物营养联系是自然生物物质循环的基础，是一种普遍存在的自然现象。一般说食物链是先从植物开始，其次是植食性动物（主要是昆虫），紧接着是与植食性动物有关的寄生性和捕食性动物，接下去是肉食性小动物，最后是大型肉食动物。例如，水稻遭受螟虫、蟀象、甲虫等多种昆虫危害，而这些害虫又被寄生蜂、螳螂、草蛉等天敌寄生或捕食，食虫鸟、兽又是这些天敌昆虫的劲敌，而食虫鸟又被大型肉食性鹰隼所猎捕。这样就构成了从水稻到大型肉食性动物间的食物链。

食物链相依的环节可多达5个以上，多个食物链组成错综复杂的食物网。如果食物链中的某一环节发生了变化，或插入了新的环节，这样就会影响食物链中生物的数量，进而导致生态平衡失调。

4. 信与不信

20世纪80年代有这样一篇报道，“在巴西布尼得斯市远郊的深山里，有一群美丽多姿而专以食肉为生的蝴蝶。它们经常联群出动，专向牛、羊，甚至人类下手。它们在动物身上咬出一个又一个小洞，从小洞里吃肉。它们的食量并不大，但数百只蝴蝶，每只吃上两三口，加上唾液中的毒素，便将猎物置于死地。……”看来这篇报道既新奇又有趣，且出处地点也很具体，应信以为真。但从句里行间又不可信。按一般常识，鳞翅目中的蝴蝶无论是成虫或幼虫多为植食性（成虫吮吸花蜜），有小部分种类吮吸腐质物。更为不可信的是，既然说美丽多姿，想必是指的会飞的成虫——蝴蝶。蝴蝶的口器构造，是由头前面的一对退化了的大颚演变为许多节中间空的管子，各节管子间由有弹性的薄膜连接着，形状很像一根中间空而有弹性的钟表发条，用时伸开，不用时就卷起来，吃东西时是靠惯性将汁液虹吸到胃中。既然蝴蝶没有可用来咀嚼食物的牙齿，就不会“在动物身上咬出一个又一个小洞”，而且“从小洞里吃肉”。因此，这篇报道无科学性，因而难以使人相信。推测其原因有二：一是观察失误，将其他昆虫误认为蝴蝶；二是猎奇，错把取食方法描写得神奇莫测。从对这则报道的分析可以看出，掌握一定的昆虫学知识，对我们判断是非是很有帮助的。

5. 性变之谜

昆虫不但在生育上有着孤雌生殖、多胚生殖等现象，而且个体性别也可互相转化，甚至还有雄雌同体个体的存在；身体发育不全，半边完整、半边残缺的（俗称为阴阳虫）的个体也可常见。

危害柑橘的吹绵蚧壳虫，雌虫终生无翅，只靠插入枝干中的口器吸吮汁液维持生计，到达发育成熟期，只好等待有翅成虫找上门来婚配，如难遇佳婿（雄虫数量少、寿命短）却能自行受精产卵。这种现象在昆虫学上称为雌雄同体。因为这类昆虫的体内同时具有两套生殖系统——卵巢和睾丸，在不同条件下可施行不同机制。

德利蜂和黄泥蜂的幼虫发育阶段，如果受捻翅虫（雄虫前翅退化成平衡棒，后翅发达，雌性终生无翅，营寄生性生活的昆虫）寄生后，性别上则发生变化，由雌性个体转变为雄性个体；与此相反，有一种生活在污水中的摇蚊，受到雨虫寄生后，却能从雄性转变为雌性。

昆虫的自然变性现象之谜，目前还没有完全揭开。不过科学家们通过人工移植方法做改变昆虫性别的实验已有报道，他们将雄性萤火虫三龄幼虫的睾丸取出，在无菌条件下，移至同龄的雌性幼虫体内，结果雌萤火虫幼虫化蛹羽化后竟变为雄萤了，而被摘除睾丸的雄虫却变成了雌虫。科学家们认为，这是由于睾丸滤泡管的中胚顶端组织在幼虫期能够分泌大量雄性激素所至。而在蛹期施行同样移植手术，则不能改变性别，是因为蛹期后，雄性睾丸内的激素数量相对下降。

至于有些昆虫个体经过蛹期羽化为成虫后，身体两侧不对称、甚至少一只足或半边翅变小，这些现象不能称为性变，而多半是由于化蛹阶段受到外界创伤所至，或在由幼虫变蛹时遇气候干燥、营养不良造成的。

6. 昆虫对航天航空事业的贡献

蜻蜓称得上是昆虫中的飞行冠军。它们常以每秒10～20米的速度连续飞行数百里而不着陆。有时竟能微抖双翅来个180° 的大转弯。它还可用翅尖绕着"8"字形的动作，以每秒30～50次的高速颤动，来个悬空定位、原地不动，蜻蜓能以高速完成这些动作，而极薄的翅却不会被折断。蜻蜓的翅上除密布着网状的翅脉，承受着巨大的气流压力外，在前翅的前缘中央还生长着一块黑色的坚硬翅痣，起到了防颤护翅的作用并使身体在飞行中保持平衡。研究制作飞机的人们从中受到启示，在机翼的前缘组装上了较厚的金属板，这不但使飞机在高速飞行中减少了颤动，保持了平衡，提高了安全系数，也加快了飞行速度。

蝴蝶和蛾子的翅膜上，镶嵌着无数的鳞片，这些鳞片不但增加了翅的承受力，也保护了翅免受高温及阳光照射时灼伤。原来无数个鳞片起到反光镜的作用。当气温升高时，鳞片会自动张开，增加了反射太阳光的角度，减少光的照射，使自身免受灼伤；当温度下降时，鳞片会自动紧密地贴伏在翅面，让太阳直射在鳞片上，增加了吸收太阳能的面积，提高了体温。研究航天工业的科学家们受到了生物体型构造启示，解决了人造卫星在高空运行中遇到气温变化时仪器不能正常运作的问题，研究出了一种巧妙而灵活的仿生装置。这种装置如同百叶窗，每扇叶片两个表面的辐射散热功能相距甚远，百叶窗的转动部位装有一种对温度极为敏感的金属丝，利用金属丝热胀冷缩的物理性质解决了卫星在高空运行时受温度变化而无法正常工作的问题。

小小的苍蝇，飞行速度可达每小时20多千米，而且还能做到垂直升降、急速转弯调头、定位悬空、隐身潜伏、微波信息收发等动作。科学家们通过多种试验方法进行模拟，解开了其中的奥妙。原来关键在于由后翅退化演变成的那对形似哑铃状的平衡棒上。苍蝇飞行时，平衡棒以一定的频率进行机械性振动。当苍蝇的身体倾斜或偏离航向时，平衡棒的振动就会随着发生变化，并且能把这种变化了的信息传递到大脑中去，苍蝇再按新的指令来调整身体的姿态和航向。科学家们根据苍蝇身上平衡棒的导航原理，研制成了一代新型导航仪——振动陀螺仪，改变了飞机飞行性能和飞行能力。

7. 昆虫“戏”火车

新中国成立前，津沪铁路线上发生了一桩耐人寻味的奇闻：当南下的火车运行在无锡至苏州段时，司机竟然看不到路轨，为防止发生危险，只好停车去看个究竟。下车后竟大吃一惊，原来是千千万万只蝗蝻（飞蝗的若虫期）自西向东跨越铁路。远看似洪水奔流，有一泻千里之势。近瞧你背我驮，重重叠叠，连滚带爬，争先恐后，黑压压足有半尺之厚，整个蝗蛹队伍前不见尽头，后不见尾。司机焦急万分，因为火车是按钟点运行的，错过预定时间就有撞车可能（当时是单轨线）。蝗蛹队伍行进约 30 分钟后，数量才渐渐稀疏下来，又过不久才看到路轨以及一层散沙般的虫粪。此值 7 月时节，正是二代蝗蝻发生期。津沪沿线湖泊、苇塘较多，是历代蝗虫发生地，如遇久旱逢雨，便会造成蝗灾暴发，这时当禾草、庄稼被吃光后，便会结队迁移。蝗灾惨状明代诗书有记述：“飞蝗蔽空日无色，野老田中泪垂血，牵衣顿足捕不能，大叶全空小叶折，去年拖欠鬻男女，今岁科征向谁说。”可见蝗灾给人民造成的疾苦，绝非一般。蝗虫“戏”火车也算一灾吧。

无独有偶，另一起记载虫“戏”火车的可不是蝗虫，而是能传粉、酿蜜过着社会性生活的蜜蜂。“红灯停，绿灯走，要是黄灯等一等”，这是人们比较熟知的交通规则。一列由北京开往合肥的列车，途经丰台至廊坊间的安定车站时，由于司机看不到允许进站的绿色信号灯，只好停车，乘客议论纷纷。此时，北京铁路指挥中心的监视盘上，明显的进站绿色信号灯不断闪烁着，为什么列车停而不进呢？通过无线调度电话联系，才得知是一群数量可观的蜜蜂聚集在绿色信号灯的玻璃罩上，将灯光遮得严严实实，司机看不见准予进站信号，决不能轻易进站。信号就是命令，这是铁路员工必须遵守的法规。后经车站员工和司机同心协力，用火攻的办法，才把顽固坚守绿色光源的蜂群战败，弃尸落荒而逃。绿色信号灯重显光亮，列车才恢复正常运行。

蜜蜂为什么要成群地集结在信号机的绿色灯光罩上呢？要解答这个问题，还要从蜜蜂的社会生活说起。饲养在蜂箱中的群体，有着严格的社会性生活管理，蜂群的统治者是一箱中的唯一女王，当一箱中出现两只蜂王时，便出现争权行为，于是另一只蜂王便率领部分工蜂出巢，这称为分蜂。由于蜜蜂的复眼是由 4 900（蜂王）至 13 090（工蜂）个小眼组成，由于含有紫外线的光源对它们有着极强的刺激性，而且蜜蜂的眼睛分不清橙红色或绿色，当它们在飞行中如遇含有紫外线的绿色光，便会趋向而停留下来，加上光源放出一定热量，也适合于昆虫的向温性，这就是致使蜂群久恋不散原因。

8. 虫大夫

巫婆行医，纯属欺骗。动物生病自医，确有此事。但虫大夫行医治病，或许认为不值一提，然而昆虫确实能为人类诊病治病。

蚂蚁的趋化性很强，而且馋食甜食，只要有存放甜食的地方，不管你存放得多么严实，它们都会依靠头上有敏感嗅觉作用的一对触角，左摇右摆地探索找到。因此，人们便利用它们这特有的本能，为人诊断病症。患糖尿病的人，因为尿中含糖量过高而称为“甜血症”。早在 7 世纪，我国民间就曾利用蜜蜂和蚂蚁的趋化性来诊断此病。方法是把蚂蚁放在病人尿盆边，如果蚂蚁很快爬去舔食，便证明病人患有糖尿病。如果恋恋不舍，说明病情较重，据说这种方法还很灵验。

9. 蝴蝶泉中织彩虹

星黄粉蝶

云南大理“蝴蝶泉”

在云南省大理市的西北方，雄伟壮丽的苍山角下，有个中外驰名的“蝴蝶泉”。每当农历立夏，百花盛开，各种各样的彩蝶在泉池四周翩然飞舞，颇为壮观。蝶影入池，在斑斓的水波上闪烁，形成道道五光十色的彩虹。

是什么神奇魔力，使成千上万只蝴蝶在此约会呢？

一是水源。水是蝴蝶生活中不可缺少的物质。特别是在烈日炎炎的夏日，群蝶追逐嬉戏后，必须寻找水源吸水，用来维持和提高体内飞翔肌的动力，并为繁衍后代储备能量。蝴蝶泉中流出来的甘露般的泉水，是吸引蝶类“约会”的第一种“魔力”。

二是食源。蝶类的成虫自蛹中羽化后，喜欢在幽雅清静的环境中寻花吸蜜，找树吮汁，用以补充营养，促使体内生殖器官尽早成熟。蝴蝶泉东临洱海，西傍苍山，环境幽雅，花木丛生，为蝶类提供了极理想的吸蜜吮汁的场所。

三是性源。蝴蝶在性成熟期，雌蝶为了生儿育女繁殖后代，便从腹部末端分泌出性引诱素；性引诱素一遇空气即挥发，产生一种气味，蝶翅扇动产生的气流，使气味扩散开来。当雄蝶"闻"到这种气味后，好像接到了赴约的请帖，便"不远千里"奔向雌蝶。农历夏至过后，正是蝴蝶性成熟的时节，因此才有"一蝶引来万蝶飞"的盛况。

樟青凤蝶

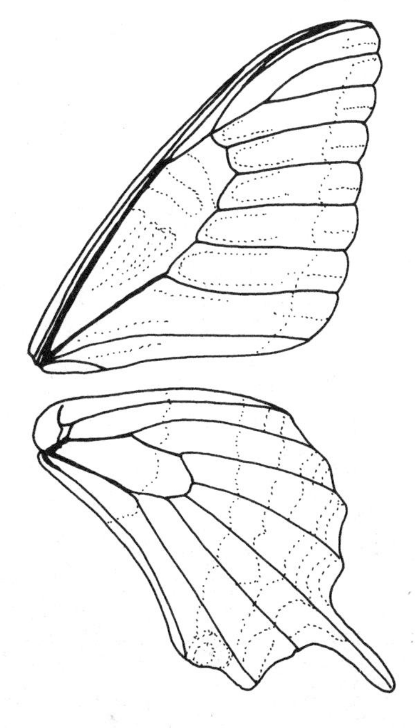

凤蝶的翅膀构造

花儿美，蝴蝶更美，蝴蝶像是一朵朵会飞的花。蝴蝶为什么这样美？只要用手触摸一下它们的翅面，便会沾上许多粉末状的东西，这便是蝴蝶用

大闪蛱蝶

来装饰自己的物质,人们称它为鳞片。如果把这些粉末状的鳞片放在双目解剖镜下观察,就会发现这些鳞片有长有短,有细有宽,有的两边还带有锯齿,还有的带棱起脊,形状千奇百怪。每个鳞片上都有个小柄。鳞片整齐地排列在翅膜上,并将小柄插入叫做鳞片腔的小窝里。由于鳞片形状不同,组装成的图案也是多种多样。

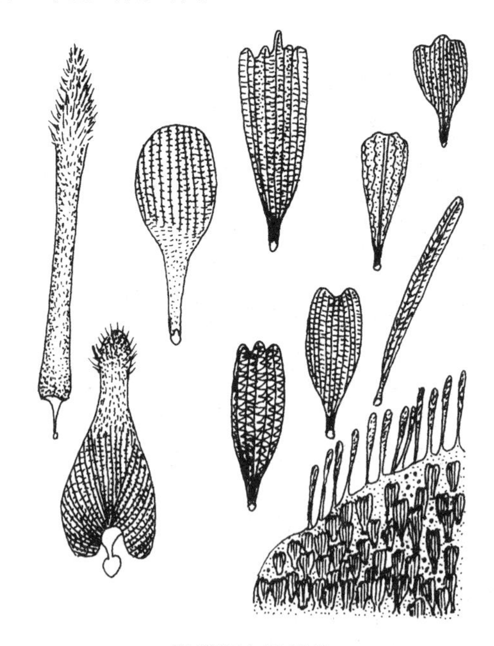

蝴蝶翅上的鳞片

蝴蝶鳞片上的不同形状构造，经过光的直射、反射、折射或互相干扰而产生出来的颜色，称为物理色。不同种类蝴蝶翅上鳞片的脊纹多少，各不相同。据研究，斑蝶鳞片上的脊纹有30多条，闪光蝶鳞片的脊纹可多达1400多条。一个鳞片上的脊纹越多，产生的闪光越强，颜色的变化也就越大。拿一个闪光蝶的翅，从正面看蓝里透紫，左斜看变成翠绿；在灯光下偏蓝，在日光下则偏紫。蝴蝶鳞片上的黑色或褐色，则是鳞片所含黑色素造成的；白色或黄色是所含尿酸盐所致。因为这些“颜料”含有化学成分，由其产生的颜色便称为化学色。在一般情况下蝴蝶翅上的色彩，是由化学色和物理色混合而成的。这就是群蝶飞舞“编织”闪烁变幻、美丽夺目的“彩虹”的道理。

虎纹青斑蝶

10. 虫变草与蝉开花

当你听到昆虫能变草时，一定感到很奇怪。昆虫是动物，草是植物，那么昆虫怎么会变成草呢？不了解大自然中各种生物变迁的真相前，确实感到有些奥妙，其实虫变草的说法是对一种自然现象的误解。

未被虫草菌感染寄生的蝙蝠蛾幼虫及蛹

所谓虫变草的现象，大部分

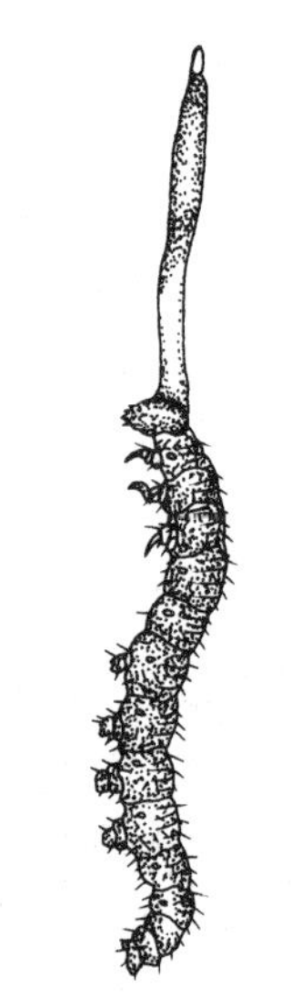
头上生长有菌座的蝙蝠蛾幼虫

被虫草菌寄生的蝉幼（蝉花）

发生在青藏高原海拔3 000~4 000米的高寒地带。有一种名叫蝙蝠蛾的昆虫，在它们的幼虫生长发育接近老熟时，被虫草属的一种真菌感染后，生起病来。发病初期，幼虫表现有行动迟缓、惊慌不安、到处乱爬等症状，最后钻入距地表仅有3～5厘米的草丛根部，头朝上，不吃不动地待上一段时间后，便因病而死去。蝙蝠蛾幼虫虽死，但其身躯仍然完整。真菌孢子以幼虫体内组织器官为营养，大量繁殖。冬去春来，在春暖花开的五六月间，虫体内的真菌转入又一个繁殖阶段，由孢子发展为白色菌丝，并从幼虫头上长出一根2～5厘米长的真菌子座来。由于子座露出地表部分顶端膨大，呈黄褐色，很像一棵刚露头的小草，故名虫草，又名“冬虫夏草”。当子座中的子囊孢子充满囊壳时，孢子成熟，子囊破裂，真菌孢子散发到空间大地，再去待机感染其他蝙蝠蛾幼虫。没有被真菌感染的蝙蝠蛾幼虫，经过化蛹、羽化为成虫，交配产卵繁殖后代。如此往返，年年有蝙蝠蛾幼虫，年年有虫草在地表出现。

蝉开花也是由真菌感染蝉的若虫引起的。它与虫变草的不同点在于，虫草菌感染上的不是蝙蝠蛾幼虫，而是在地下生活的蝉的若虫。所谓蝉花，并不是蝉会开花，而是真菌寄生在蝉的若虫上的产物，其过程与蝙蝠蛾幼虫被感染相似。蝉花一词，最早见于中国中药学经典巨著《本草纲目》，书中说：“此物出蜀中，其蝉上有一角，如花冠状，谓之蝉花。”蝉花与虫草另一不同点在于，它不仅出现在高寒地区，在坡地及半山区也有踪迹，或者说，只要有蝉发生的区域，都可能有蝉花出现。

蝉花与冬虫夏草都是名贵的中药材。

自然环境中的冬虫夏草

11. 身穿花衣的小不点

瓢虫可能是你小时候最早认识的昆虫之一。这是一类个儿不大、直径只有几毫米的圆鼓鼓的硬盖甲虫。这类小甲虫举止安详文雅，但胆子可不小，它能在你面前爬来爬去，并不回避。如果你把手指伸向它，它会直往上爬，爬到指尖时它会认为是面临“悬崖绝壁”，随后先张开那背上的硬壳——鞘翅，再从下面伸展开膜质柔软的后翅，来个滑翔“跳崖”表演。

在棉蕾上的七星瓢虫

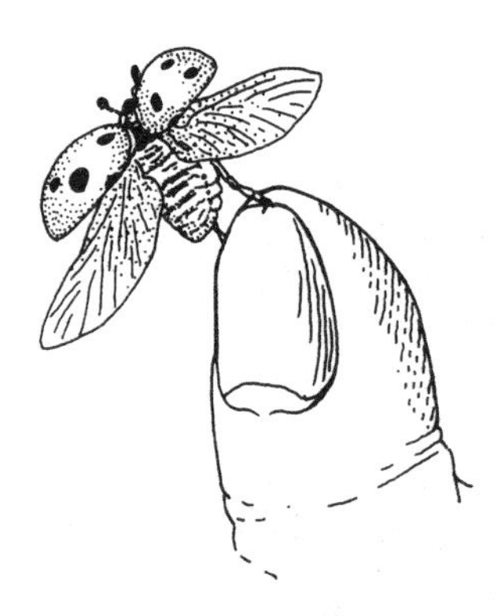
展翅欲飞的七星瓢虫

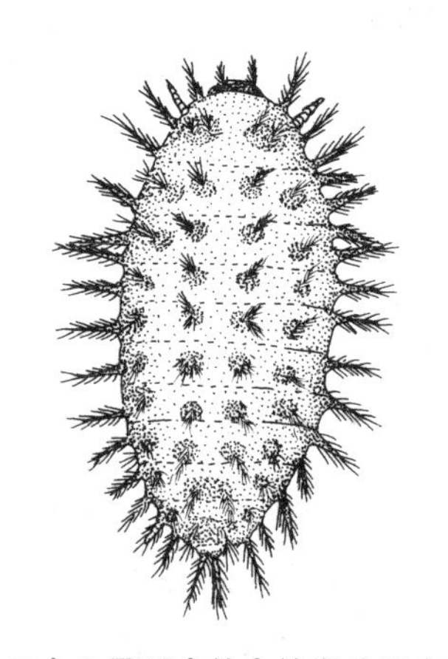
二十八星瓢虫幼虫的身体形态

七星瓢虫幼虫

瓢虫属于鞘翅目瓢虫总科，在昆虫家族中称得上是一个大类群，世界上已知约有5 000种，仅分布于中国并经研究记载的也已达350种之多。

瓢虫类群中有一种与人们接触较多的种类，孩子们常捉来玩耍，并编有顺口溜："小小甲虫，翅鞘橙红，七个黑星镶衬其中，人们称它'花大姐'，真名实姓叫七星瓢虫。"七星瓢虫的一生中还有不少奇闻轶事哩。

七星瓢虫有着惊人的避敌本领。只要有天敌来扰或受到外界突然的刺激，它就会发生一种叫做"神经休克"现象，有点像失去知觉似的一动不动。"休克"过后，受到刺激的神经系统恢复正常，就又清醒过来，开始爬行。这种"死去活来"的举止，人们称它"假死"。如果你用手去捏它，它就会使出第二招避敌本领，在它六条足上的各关节中间，渗出一滴滴的黄色汁液来，这些汁液散发出来的辣臭味，不但使人闻之感到腻烦，就连那啄食的小鸟，闻到这种怪味，也"退避三舍"。

不要另眼看待这些外美内臭的甲虫，它们帮助人们消灭危害农作物的蚜虫，立下了大功，可称得上是蚜虫的"克星"。如果一只瓢虫爬到蚜虫堆里，它便毫不留情地"大口大口"地嚼吸起来，不论是有翅蚜，还是无翅蚜，就连那幼小的若虫也不会放过。

瓢虫的食量也很惊人，一只成虫一天就能“吃”掉100多只蚜虫。瓢虫也是挑食馋嘴的昆虫，生来就不吃素，只吃“荤”，人们说它是“肉食性”昆虫。瓢虫不但变作成虫时专吃“蚜”虫，就是还没发育成熟的幼虫，也有与“父母”相同的习性。

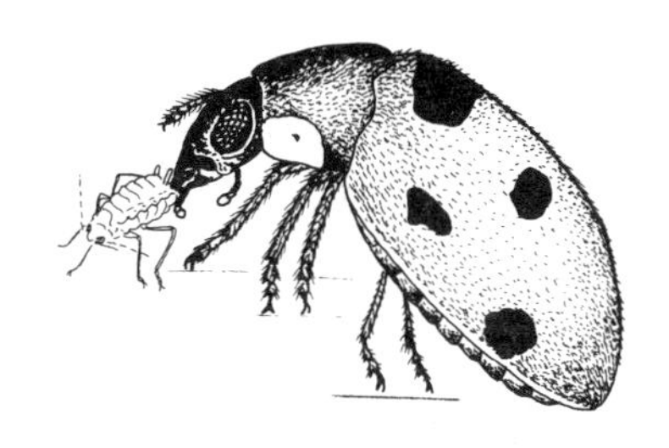
七星瓢虫成虫捕食蚜虫

刚从卵中孵化出来的七星瓢虫幼虫

七星瓢虫是以成虫在石块、土块及田园中的枯枝落叶下或多种物体的缝隙中，以冬眠的方式度过严寒的冬天的。当然也有不少没有做好过冬准备的，经不起寒风和干旱的摧残，而不能再复苏。那些熬过冬天的个体，多半是体型稍大，身怀卵子的雌性。它们在春暖花开、蚜虫登场时便苏醒过来，寻找蚜虫“饱餐”一顿后，便东飞西找那已有蚜虫群的植物，把一粒粒像“小窝窝头”一样的黄色卵，成堆地产在有蚜虫的作物叶片上。不久，从卵中孵化出身穿黑色外衣、长腿、大牙、样子很凶的瓢虫幼虫，在蚜虫群里横冲直撞，“毫不留情”地嚼食着蚜虫。

12.“户枢不蛀”话小蠹

成语有“流水不腐，户枢不蠹”。是比喻经常流的水，不会变腐发臭，经常转动的门枢不会被虫蛀蚀，这里所指的“蠹”显然是与木材有着密切的关系。其实带有"蠹"字的昆虫名称很多，经查阅《英拉汉昆虫名称》(1983，中国科学院动物所主编)中的18000多种昆虫名称中，带有蠹字的就有360种，其中身披硬翅鞘的鞘翅昆虫占去320种。翅上披满五光十色鳞片的鳞翅目昆虫占有28种，缨尾目中有2种，啮虫目中有1种。可见只有无论是成虫期或幼虫(若虫)期都是长着能咬、能蛀、能啃大牙的咀嚼式口器的种类，才是"蠹"字虫的主力军。至于鳞翅目中带有"蠹"字的种类，因为它们发育到成年期时，口器已经演化成像是钟表发条，能伸能卷起来的虹吸式口器，再也不能耍那小字辈的啃食物器的威风了，那么只有在蛾字之前加上个蠹字，即说明变蛾前的幼期生长着大牙，有蛀、咬、啃的能力，也说明它们到达成年时，才能成为披鳞带粉的鳞翅目的一员，如柳干蠹蛾等。

由于带有蠹字的昆虫种类太多，难以全盘托出，只能举一反三，选择蠹字类群中的大户——小蠹(是鞘翅目中的一科，1984年《中国经济昆虫志》29册即记载165种)为代表，展示它们的独特风采。

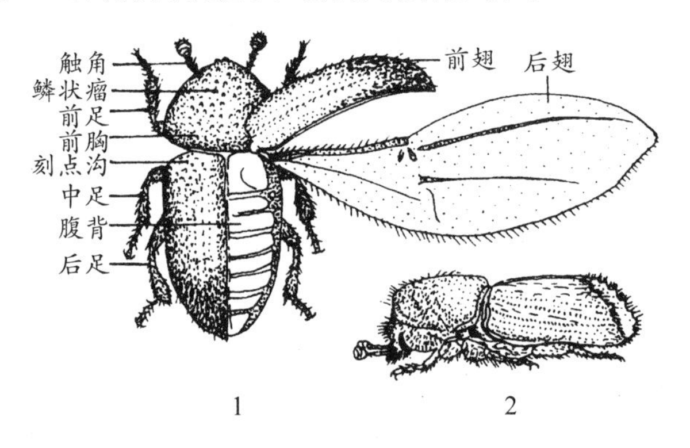

小蠹虫

1.小蠹成虫的身体构造；2.小蠹体态的侧面观

小蠹与专门危害皮革、动物尸体、昆虫标本等油脂较多物质的皮蠹；专门寄生在硬木家具中，并能从蛀洞中排出白色粉末的粉蠹；专门寄生在竹制器物，使竹品早折的长蠹；以及专以腐朽木材为食的窃蠹，在名称上都有个"蠹"字，但血缘关系并不相近，反而与长着长鼻子的象鼻虫是近亲。

小蠹虫名副其实，最小的体长才1.5毫米，最大的也不超过5毫米。只要有森林和木材的地区，就会有小蠹虫存在，不过是由于体型小和常隐身于树皮下或木材内，才不会被人们所发现。它们在树皮下成群结伙，川流不息，致使树木在冥冥中被毁，森林及木材损失之大，约占所有虫害损失的1/2。由此看来"户枢不蠹"这句成语就不十分准确了，活着的树木或多年不动的原木照样招来小蠹虫。

小蠹在生活中有着与众不同的习性。①吃皮、蛀干各不同，吃木吃菌各相异：人们把小蠹分为两类，一类叫树皮小蠹类，它们直接蛀食树木韧皮部与边材淀粉纤维为食，植物机体成为直接受害者。另一类蛀干小蠹，它们不直接取食植物机体，而是在树木体中构筑坑道，母体进入坑道时，身上带有真菌孢子，孢子便在坑道周边萌发，好像是有意耕耘，长出来的菌丝和再生孢子，就成了它们的上好食品。②一段木材全家住：小蠹虫多数是以成虫度过冬天，来年春暖花开，树木萌芽时越冬成虫开始活动，先在2～4年生的枝条上取食韧皮部，补充营养，并寻找配偶，然后侵入新树，蛀入韧皮下营造繁殖巢穴。雌性成虫一面构筑并加长坑穴，一面产卵，将卵在坑道内有顺序地排列开。1只雌虫可产卵200～300粒，不久卵依次孵化，这段木材就成了一母所生的兄弟姐妹的共有宅院了。当幼虫孵化后便在母体构筑的坑道两侧取食蛀洞，而且交错排列各向一方，这种遗传性的习性也是母亲为儿女能安静生活，食源上互不干扰而表现的母爱吧。③"婚姻关系"复杂化：不同种类的小蠹虫，蛀洞分窝时每个洞穴中的雄雌比例是不同的。有的是一雄多雌制，有的是一雄几雌制，也有一雄一雌制。这种性比关系的固定又说明小蠹属于象鼻虫总科中的高级类群。一雄多雌型的种类，多半是雌虫体型较大，雄虫身体小而细弱。属于这个类型的小蠹虫也许是因身体细弱，怕完不成交配过程而断子绝孙，于是就在原来羽化为成虫的坑道中，即寻找雌虫交配。接受过交配后的雌虫便急速出洞，另找新树蛀洞生活，繁衍儿女另成一个群体，不再允许雄虫入洞。数雌一雄，一雌一雄的类型,两者体态接近相同,两性羽化后即离开原来坑道,在外面进行交配或共同构筑坑道后再入洞交配,而后雄虫离开,坑洞内的一切操作由雌虫担任。一雌一雄的一般要进行多次交配受精,因而雄虫不离开坑道,除有守护坑道口的责任外,还要担负清理坑道中多余的木屑及粪便并推出洞外,等待雌虫修筑好育儿室时,再进入室内并进行多次交配。④巧夺天工艺术高超:小蠹成虫侵入树株时,先在树皮咬穿入侵孔,

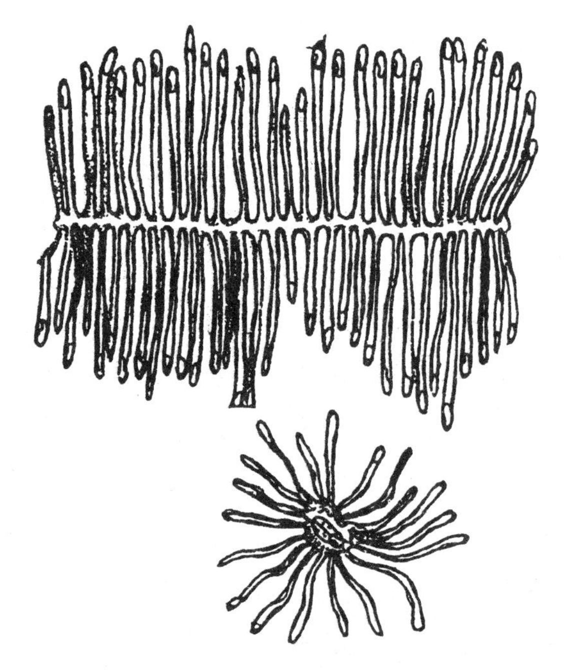

小蠹的一母多幼同居一宅的蛀室

在孔内构筑洞穴状的交配室,雌虫从洞室开始各朝一定的方向修筑母坑道,并在构筑坑道的过程中,把卵等距离地产在母坑道两侧,幼虫孵化取食树皮下的木质纤维,留下了由细变粗的弯弯曲曲的子坑道,各支子坑道都能保持比较平均的距离。幼虫老熟后,便在坑道尽头筑成椭圆形蛹室,成虫羽化后自蛹室蛀开羽化孔,才算解除了一生的囚牢式生活。如果此时将树皮剥开,一幅高品质的木烫艺术画就展现在眼前。⑤借天时扩大领地:小蠹的前翅革质化,已无飞翔能力,只能靠一对膜质的后翅飞翔,因此,不

但飞不太远，也常因方向不定，失去平衡，摇摇晃晃地突然跃落在地，失去迁移扩散条件，但这小小的蠹虫也有着聪明才智，它们会借助天时地利来扩大生活及种群的领地。每当林间刮风或雨后初晴，成虫便纷纷从羽化孔中钻出，借助风力扩散到很远的地方，即使摇晃落地的，也能被山洪冲出很远，达到扩大生活范围的目的。

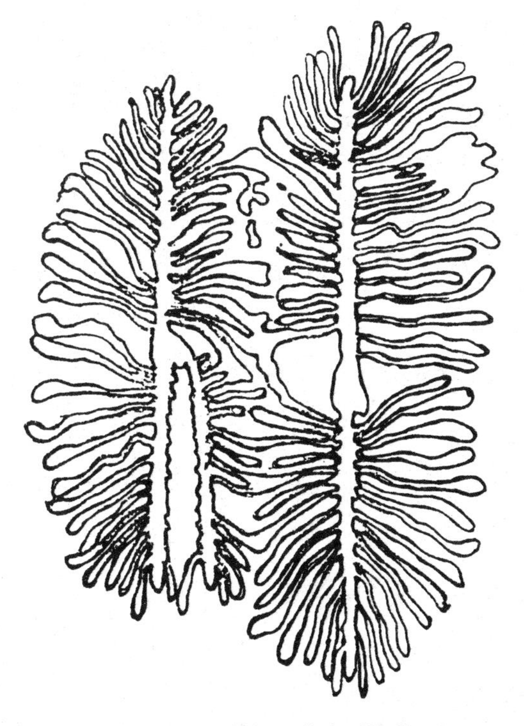

齿小蠹创作的烫画艺术型坑道

13. 昆虫潜水员

凡是生活在陆地上的昆虫，都是以体表的气门使体内的气管（呼吸系统）与外界进行气体交换，不断排出废气，吸进新鲜空气。但鞘翅目龙虱科的昆虫，却能潜入水中长时间不出水面，而不会被窒息死去。原来它们的身上背着个特殊的“氧气筒”。

龙虱在水中游动时尾端带着贮有氧气的气泡

龙虱的坚硬鞘翅下,有个专门用来贮存气体的空间,叫做贮气囊。当龙虱潜入水中以前,先将气囊吸满空气,并在腹部末端带上个像是氧气袋一样的气泡。这个气泡不仅在龙虱潜水时起稳定身体的作用,还能额外补充体内氧气的不足,具有“物理鳃”的功能。

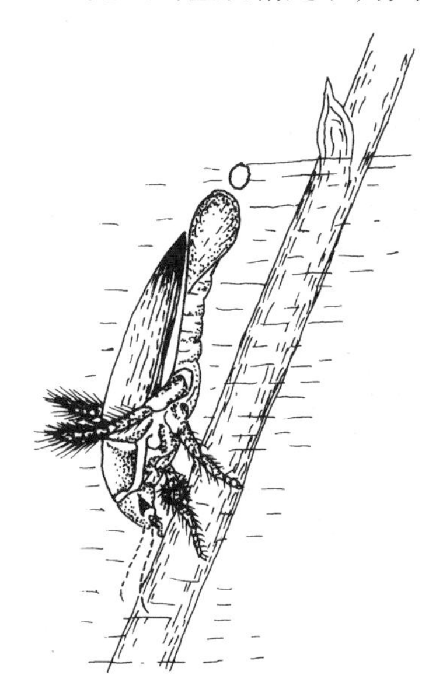

龙虱尾部气囊在排出废气

龙虱刚潜入水中时,贮气囊及尾端气泡携带的空气中,氧气和氮气的含量与水中氧气和氮气的含量是处在平衡状态的。随着龙虱在水中的活动,不断使用气泡中的氧气,气泡中的氮气所占比重就相应增大,这样就改变了气泡中的气体和溶在水中气体之间的平衡。为了保持平衡,氮气便会从气泡中渗出来,氧气便从气泡周围的水中乘虚进入气泡内。由于氧气向气泡中的渗入速度要比氮气向气泡外的渗出速度快三倍,因此,只要气泡中还有氮气存在,水中的氧就能不断地补充到气泡内,这样气泡就能维持很长时间不会消失。有了足够的氧气供应,龙虱就能在水中长时间潜游了。到气泡内的氮气慢慢向外散尽时，龙虱便向水面浮起，将鞘翅下的气囊贮满新鲜空气和带入新形成的气泡，再潜入水中“遨游”。

龙虱在用大颚里的锥形管吸食鱼体内的血液，使鱼麻醉直至死亡。

在水底砂石中栖息的龙虱

天气逐渐变冷，水面开始结冰，此后龙虱再也不能浮到水面换气了，于是它就用别的方法取得氧气。当冰层较薄时，会有足够的光线透进水里，水生植物在进行光合作用的过程中，还会排出相当多的氧气，氧气聚集成气泡，浮在冰层下，供龙虱呼吸。有时龙虱也会寻找伸出冰面的草茎，头下尾上地趴在上面，借助草茎内部松软组织的透气性，来呼吸冰层外的新鲜空气。

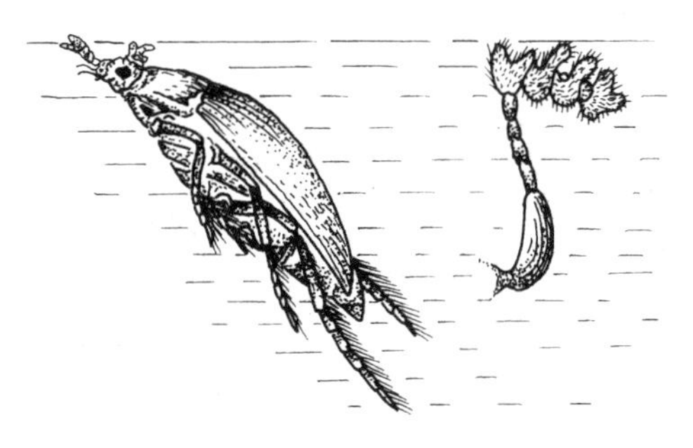

龙虱在水面更换气体的触角

14. 叫龟不像龟，名象不是象

龟，俗称“王八”。龟的身体有一层叫做甲的硬壳包着，只有头、脚和尾巴可伸出壳外，遇到危险时，能快速地缩到壳内，用来保护自己。

昆虫中属于鞘翅目龟甲科的龟甲，与龟可以说是没有任何亲缘关系，但它们却有些共同特点：都是卵生；身体外面都有硬壳保护；受惊后四肢收缩到硬壳下；有假死性，用来迷惑敌人，借以逃生。

受惊后缩回四肢假死的苹龟甲成虫

苹龟甲的名称的第一个字，来自它取食的植物——苹果树；它外形似龟；在昆虫分类地位中它又属于甲虫类；三字相连便成为它既形象又有趣的名字了。

苹龟甲的体型并不大，如同一颗黄豆粒。体态扁圆，隆背平腹，身体最宽处在鞘翅中部。头隐于前胸背板下，头上的一对触角和身上的橙黄色的四条腿只有通过透明的鞘翅才能见到。前胸前半淡黄，后半血红或淡褐，并有金属光泽和浅色暗斑。前胸背板及鞘翅两侧向外扩伸，成透明的薄片，中胸又向上隆起，像是驼背。正面看去，苹龟甲很似一个盛物的托盘，盘的边缘镶有金黄及血红色暗纹，在光线照射下呈现出闪烁的色彩，惹人喜爱。

纵条龟甲成虫

苹龟甲喜欢在寄主植物的叶片上栖息，平时很少行走，乍看上去很像是叶片上镶嵌着一颗翡翠宝石。每当微风吹拂、枝叶轻缓晃动时，它才伸展开触角和四肢，慢腾腾地爬动几步，显得那么悠闲自在。受到惊扰，四肢蜷缩，滚跌落地，装死不动，借以避敌。

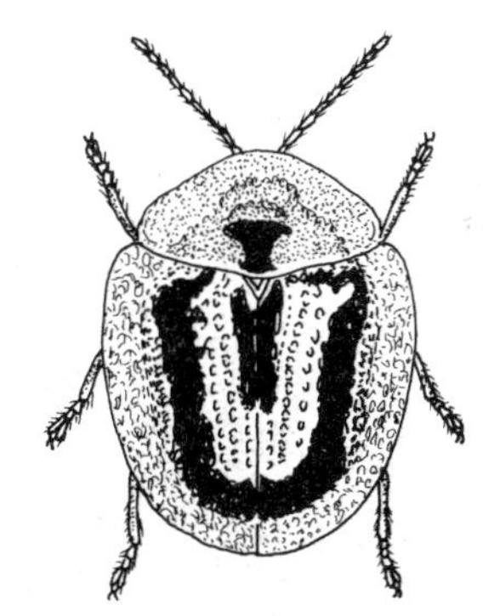

纵条龟甲成虫的真面目

更为有趣的是，苹龟甲在“幼年”时，总是把增龄换装时脱下来的“旧衣”（皮），粘伏在尾部的附器上，搭在背部，看上去活像个小刺猬。这也是它们自我保护的一种本能。

同属于一个类型的纵条龟甲，形状与苹龟甲相似，颜色及花斑没有变化：淡黄偏绿，鞘翅中央及身体周围有黑色纵条，故取名纵条龟甲。纵条龟甲爱吃的食物不是苹果树叶，而是甘薯的叶子。

属于陆栖哺乳动物的大象，它长有灵活柔软、伸卷自如的长鼻子，可以完成取食、吸水、搬运重物等动作。昆虫中属于鞘翅目、象甲科的一些种类，它们的头上有一个伸向前方的长吻（嘴），很像是个长鼻子，因而也多冠有“×××象”的大名。实际上，象甲科的这些昆虫，与大象一点儿也没关系。

榆锐卷叶象成虫正在交配

榆锐卷叶象成虫及初产下的卵粒

有种叫做榆锐卷叶象的昆虫，它们的身体呈金黄色，鞘翅深蓝并有青色光泽。“鼻子”（长吻）不算太长，但有特殊的用途。榆锐卷叶象为单食性种类，只吃榆树叶片，而且以榆树叶作为幼期的住所。成虫取食时由于嘴长不便于沿叶子边缘入口，而是在叶片上打洞嚼食。成虫经交配后，雌虫即沿着叶脉咬开条细缝，把一粒黄色的球形卵产在叶面，而后在足和长吻的互相配合下沿细缝向里卷成个圆筒，再用足和吻把圆筒的两头向内折叠，这样卷好的圆筒就不会再伸开。卵在叶卷内孵化后，直至蛹期都在里面吃住。成虫羽化后用象鼻样的长喙啃个洞钻出来生活。

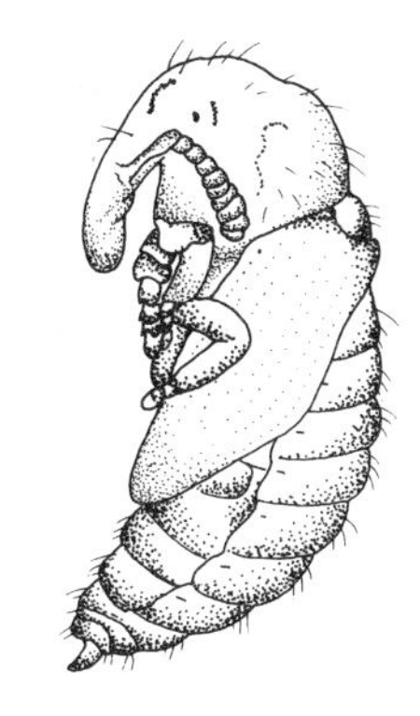

榆锐卷叶象的蛹

15. 双刀大将

螳螂是人们熟悉而又常见的昆虫。每年夏秋季节，无论是在草地、农田、树林、果园还是在园林花丛中，都可看到它们挥舞着“两把大刀”，捕捉害虫的“惊心动魄”的情景。

螳螂的体形长得很奇特。它尖嘴巴，大眼睛，三角形的头可灵活转动 180°。头上有一对反应极为敏捷的触角，前胸扁长。前足特化成带刺的“鬼头刀”，并可自由折合或伸开，用来擒获猎物；中足、后足细长，成为支撑身体和代步的工具：腹部肥大，并由半革质的前翅和膜质的后翅所遮盖。螳螂在植物上活动时主要靠中足、后足，举起前足，昂首慢行，与马相似，遂有“天马”之称。

螳螂在捕食花金龟

螳螂属于螳螂目，不完全变态类昆虫。每年发生一代，以囊形的卵块过冬。这种卵块若产于桑树枝条上，就

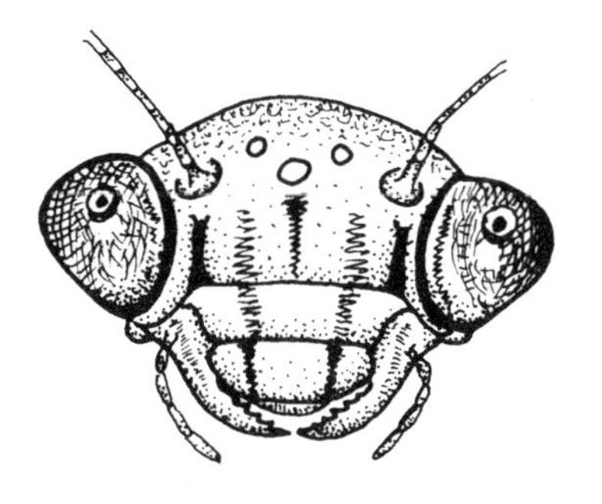

蝗螂的头部构造

称为“桑螵硝”。桑螵硝具有补肾壮阳、固精缩尿的功用,是一种治疗肾虚腰痛、神经衰弱和妇女经血不调的中药材。

螳螂若虫的生活习性与成虫相似。它们都是肉食性,而且只吃活食。螳螂的若虫体型小,翅发育不完全。成虫的体型,同种间雄小雌大,可说是“大媳妇”“小丈夫”。

螳螂的交配时间是在每年的秋季。昆虫中属于两性生殖的种类,在进行交配、产卵及孵化等生殖的过程中,一般是雌雄互相合作,共同完成生儿育女的任务。但螳螂在交配过程中,有着雌吃雄的不正常现象。以往对这种“食夫”现象有两种解释:一是在交尾过程中,由于雄螳螂已筋疲力竭,常使身体过度前倾并失去平衡,而匍匐于雌螳螂背上,被雌螳螂误当做猎物食掉;二是螳螂属于捕食性肉食昆虫,雌螳螂孕卵期间需要大量营养贮存于体内,以便供产卵时消耗,因此在交配接近尾声时,雌螳螂为生儿育女吃掉雄性,雄螳螂也甘愿作个“痴情丈夫”,并认为这种情况只是当雌螳螂处于极度饥饿状态时才会发生。

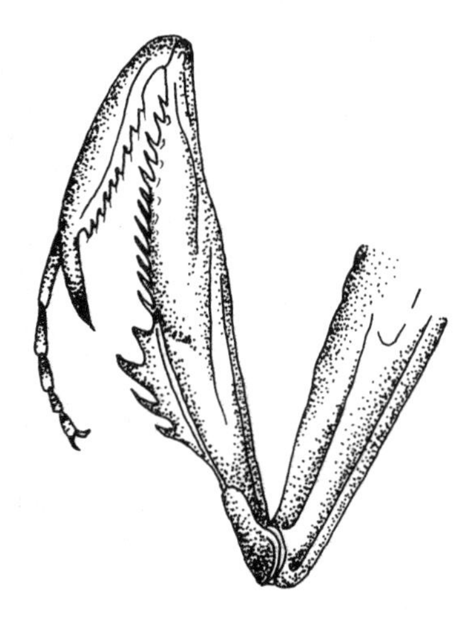

特化了的螳螂前足的构造

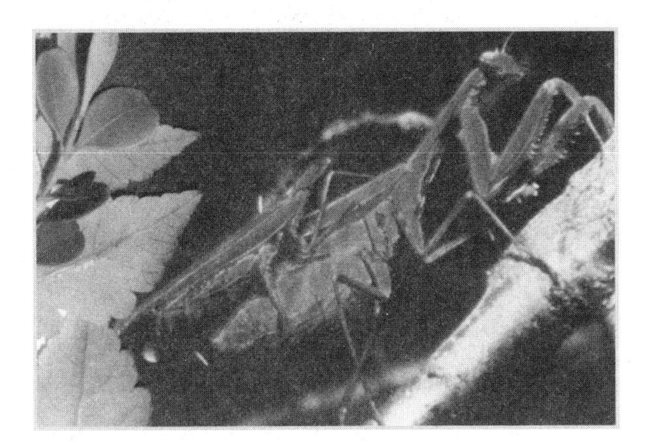

蝗螂在交配过程中被雌性吃掉头部的雄虫残体

近年来经科学工作者的仔细观察，得出了不同的结论。原来这种“食夫”现象是由于雌螳螂性器官未完全成熟，而早熟的雄螳螂急于交配所致。这种雄性早成熟，急于向性未成熟的雌性“求爱”而引起互斗甚至残杀的现象，在直翅目的蟋蟀科、螽蟖科中极为常见，并非螳螂独有。

从螳螂卵块中孵化出的小若虫群体

刚从卵块中孵化出来的螳螂若虫

螳螂的若虫期

螳螂的过冬卵块，于每年的4月下旬开始孵化。临孵化前卵块上面的鳞瓣状孵化孔开始膨大，不久即见到带有红色眼点的卵粒显露出来。此时的小若虫即一个个用前足撕破壳挣扎着脱出身来，拖带着极薄而残破的卵膜和一条有黏性而长短不一的丝倒垂下来，稍作休息，即弃开卵膜和丝体，各奔东西去寻找猎物捕食。一块卵中的近百个卵体的孵化过程，只在很短的时间内完成，遗留下来的只是一个空瘪的卵蛸和随风飘荡的卵膜和断丝。有一种观点认为，螳螂卵这种独特的孵化方式，是雌螳螂为避开儿女们互相残杀，而精心设计的。

16. 雀蛋戏法

秋去冬来，树叶枯萎凋落。在林间灌木丛的小枝条上，特别是酸枣树的枝杈上，常黏附着一个个椭圆形、像蓖麻籽大的硬球，上面还涂着灰褐色和白色扭曲形条纹，看上去很似“雀蛋”。好奇的人们，常采来几个，拿在手中观赏一番。那硬邦邦的外壳，光溜溜带花纹的表皮上，还有一层白粉薄霜。如果把它夹在拇指和食指之间，用力一捏，便会发出啪的一声响，同时一股黄白色的浆液会溅你满手和一身，如果你不赶快用清水冲洗，它便会使你的皮肤痛痒难忍。这个奇怪的“雀蛋”便是黄刺蛾幼虫老熟后织成的、用来遮风防寒、抗拒天敌侵袭的安乐窝——茧子。

黄刺蛾幼虫结在苹果树枝条上的雀蛋形茧

黄刺蛾属于鳞翅目刺蛾科、完全变态类昆虫（有蛹期的昆虫）。此科昆虫的幼虫身上，长有很多丛状的毒毛，碰到人的皮肤，毒毛刺入汗毛孔，并分泌酸性毒液，有时毒毛也折断在人体内，使人疼痛难忍，所以人们给它起了些“洋拉子”、“刺毛虫”、“火辣子”等俗名。

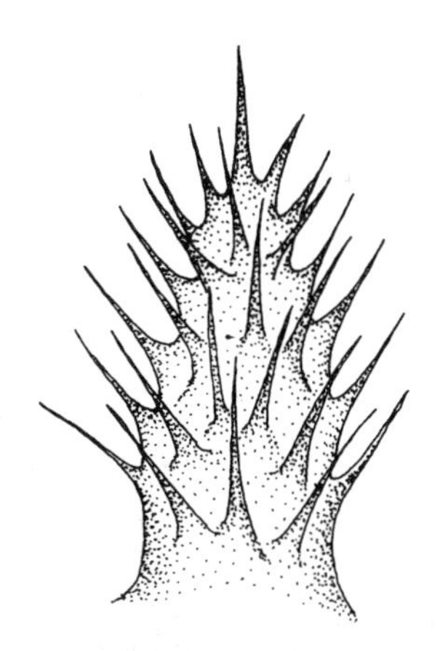

黄刺蛾幼虫身体上的丛状毒刺毛

黄刺蛾幼虫能织成雀蛋形的茧子，而且还巧妙地将自己包在里面，真是下了一番工夫哩！老熟幼虫作茧时，先在寄主枝条上爬来爬去，然后选择一处有枝杈或叶芽的地方，再用口器嚼刷掉粗糙的树枝表皮和上面的污物，这样茧在枝条上会黏得更牢。地点选好后，略事休息，它便在自己身体的外围用吐出来的丝，织结成一层薄丝网，很像是钢筋水泥结构的骨架，再从肛门中排出一股股黏性的灰白色液体，借助身体在丝网中的蠕动和不断地旋转，黏液就会均匀地涂抹在丝网上。薄茧的雏形像个半圆形的球体，刺蛾幼虫再将它体表上的那层棕色色素斑纹，贴附在茧坯上，透过薄丝网显示出来，这就成为“雀蛋”上的花斑。然后，它又连续不断地吐丝，同时从口中吐出褐绿色黏液，用来加固茧壁，直到身体内可用来作茧的物质吐尽时，才紧缩在茧内，凭借这“固若金汤”的雀蛋形茧子度过严冬。

黄刺蛾的雄(小)雌(大)成虫在交配

黄刺蛾的天敌青蜂，并没有因黄刺蛾老熟后能作硬茧保护自己而放弃对它的寄生。青蜂是在黄刺蛾幼虫老熟开始准备作茧时，便很机敏地把卵产在它的体内。黄刺蛾幼虫作茧时，正好是青蜂的卵期，因此并不影响幼虫作茧的全过程。茧子织好后，青蜂卵开始孵化为蜂幼，并以黄刺蛾幼虫体内组织为食，来年化作黄褐色裸蛹，待到羽化后啃破茧壳钻出来的却是一只闪烁着青蓝色光泽的青蜂成虫。黄刺蛾幼虫辛勤织造的虫茧，便成了青蜂幼虫生长发育的“摇篮”。

黄刺蛾的老熟幼虫

那些没有被青蜂寄生的黄刺蛾幼虫在茧中度过冬天后，才化成黄褐色的蛹，不久即羽化为成虫破壳而出。

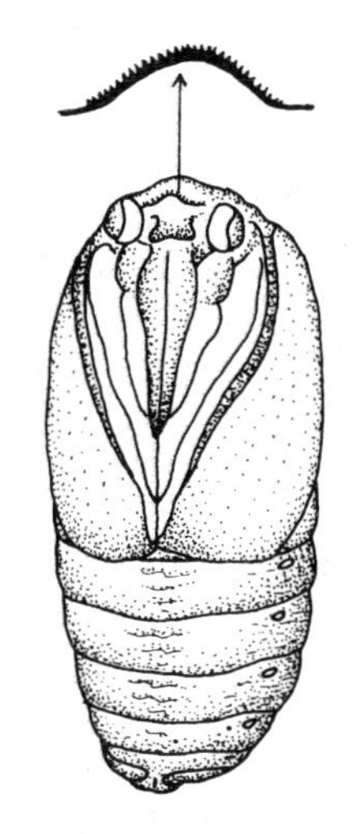

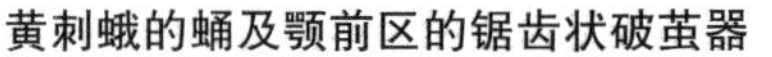

黄刺蛾的蛹及颚前区的锯齿状破茧器　　正在破茧而出的黄刺蛾成虫

黄刺蛾幼虫织造的这个雀蛋形茧子很坚固，那么既没有锋利的牙齿，也没有角或刺的成虫，又是怎样冲破茧壳的呢？原来这道破壳的工序是在蛹期完成的。就在黄刺蛾蛹的头部颚前区，有一条稍微隆起的横带，上面排列着数十个锯形的小尖齿，蛹羽化为成虫前，靠腹部的蠕动摇摆，使蛹在茧中旋转，颚上的小齿便将茧的上部内壁，划出一圈圆形浅沟来，使茧壁变薄。成虫羽化时，只要从茧皮上端稍微向上一顶，就自浅沟部位拱裂而挣脱出壳。

你看，大自然造就的生灵是多么有趣啊！

17. 虫与光

在昆虫家族中，有许多成员对光都很敏感。每当夏夜，我们常会看到在户外灯光下，聚集着许多飞蛾、蚊虫；荒郊野外，萤火虫发出点点荧光……这说明许多昆虫都有感光性，有些昆虫自身也会发光，光在昆虫生活中也起着许多作用。

正在草丛间飞舞的萤火虫成虫

我们先看一看萤火虫。萤火虫从它尾部发出的美丽荧光，主要是为了联络伙伴、吸引异性。除此之外，在遇到危险的时候，萤火虫还能通过自身发光的变化，及时地向同类发出危险“警报”呢。

萤火虫是用改变自己发出的荧光的颜色来传递不同信息的。当许多只萤火虫在清澈的小溪旁、嫩绿的草丛上空安全飞行时，它们发出来的光大多数是淡绿色的。如果是一只雌萤火虫，想“招赘佳婿”的时候，便“温柔忸怩”地发出一种淡黄色的光来。雄萤火虫只要看到了这有引诱力的黄光，就会明白有一位待嫁的“新娘”在等待着它去“求爱婚配”。如果萤火虫被人抓捕，或受到蝙蝠一类夜行性动物的追捕时，它尾部那盏小“灯”马上就会发出橙红色的荧光——“报警信号”，表示有险情来临，在它周围飞舞的萤火虫见到“报警信号”以后，便立即停止发光，并迅速地隐藏起来，以避免遭到不幸。

萤火虫能在不同环境里发出不同颜色的“光语言”，这和它们发光器官的发光原理有着密切的关系。当它们在安全的环境里悠闲自在地飞行时，呼吸缓慢，需要氧气较少，体内荧光酶的催化作用和荧光素的活化过程也变慢，因而就发出温柔清淡的光来。当遇到紧急情况时，它拼力挣扎，呼吸加快，体内生理代谢也快起来，荧光酶的催化和荧光素的活化也相应加剧，这时发出来的光较强，颜色也相对加深，变成了橙红色。

萤火虫可以说是昆虫中用光传递信息的典型代表。

夜间追逐光源飞行的鬼脸天蛾

我们再来看一看飞蛾。在夏秋之季，如果我们在荒郊野外点起篝火，就会引来许多飞蛾投火自焚。那么飞蛾为什么要投火自焚呢？原来飞蛾在夜间活动时，是以月光作为“灯塔”来导航的。当遇到灯火时，它们便误认为是月光，会不自觉地葬身火海。

飞蛾身上的趋光装置，是它们头上那个由12000～17000个六角形的小眼组装成的“电眼”。飞蛾夜间飞行的方向，总是保持着使月光能从任何一个方向，投射到它的部分小眼里。即使在飞行中遇到障碍，或为了逃避天敌的追捕，绕了几个圈后，经过调整眼睛的角

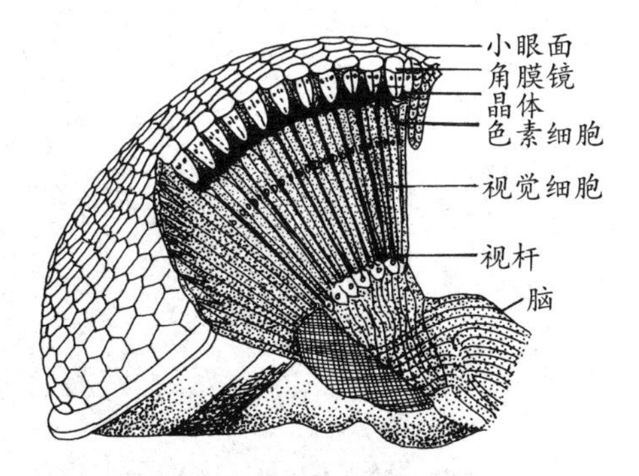

昆虫复眼的构造示意图

度，仍然要朝着月光原先照射来的方向继续飞行。当然这瞬间的动作，都

是通过头上的“电脑”下达指令和进行操纵完成的。如果是在近距离范围内，突然出现灯火，“电脑”也会偶尔失灵，使它产生错觉，把灯火当做远在天边的月光。当它稍偏离灯火后，光投到眼里的角度又发生了变化，这时不得不再扭转角度按原来的“指令”飞行。因此，飞蛾向光飞来后，总是绕着灯火，高低起伏，左摇右晃地飞个没完，直至筋疲力尽时，便跌落在灯火上被焚烧化为灰烬。

原来蛾类在夜晚是利用月光来“导航”啊，可见光在其生活中的重要性。

18. “朝生暮死”

自古以来，人们就用“朝生暮死”来比喻蜉蝣的命短。蜉蝣真的这样短命吗？

蜉蝣是个古老的物种。最原始的古蜉蝣，发现在古生代的石炭纪(3亿年前~2.85亿年前)。蜉蝣属于蜉蝣目蜉蝣总科，目前世界上已知约有1 200多种。由于它大半生是在水中度过的，因此人们称它为水生昆虫。

蜉蝣成虫的身体构造及在自然环境中的姿态

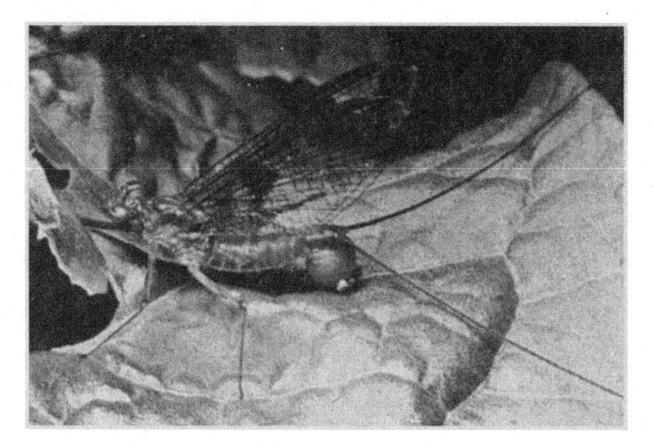

一种蜉蝣成虫

蜉蝣的成虫经交配后，便把卵产在水中的草茎上，经过10天左右的胚胎发育阶段，便孵化出一只只小稚虫。刚出世的小稚虫，既没有翅芽，身体两侧也没有长出在水中进行呼吸的气管鳃，只能靠皮肤的胀缩来摄取水中的氧气生活。稚虫脱过一次皮后，到二龄时，身体的两边才长出像鱼鳞状的气管鳃来，开始进行正常的取食和游弋活动。一只蜉蝣稚虫要在水域中生活1年至3年，经过20多次脱皮，才发育到半成熟期，这时它的胸部背面也已长出了发达的翅芽，然后顺着伸出水面的草茎或河、塘边上的岩石爬出水面。这时的蜉蝣虽然已由水生变为陆生，但它们的四肢和生殖器官并没有完全发育成熟，因此，人们称它为亚成虫。亚成虫只经过很短时间便脱去外皮，变成有细触角、大复眼、长胸足，纤细的身体后面拖着两根超过体长一倍的尾须，胸背上蜕变出两对膜质状的、大而脆弱的翅膀的成虫——蜉蝣。只要有亚成虫停留过的地方，便会留下一个个像死蜉蝣一样的外皮，真的蜉蝣成虫早已在天亮前飞走了，这也许是人们误认为蜉蝣"朝生暮死"的原因之一吧。

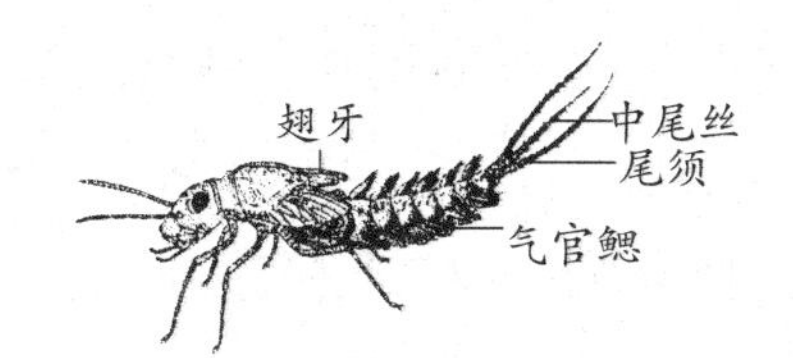

蜉蝣稚虫的身体构造(气管鳃除用来在水中进行呼吸外也可起到划水的作用)

蜉蝣成虫的口器已退化，不能取食，而且从亚成虫变为成虫的过程中，消耗了体内的大量物质，这使得成虫经交配产卵后便相继死亡。

19. 麻雀巢中的"家贼"

20世纪50年代，麻雀曾被列入"除四害"对象之一(后被平反改为老鼠)。只因它偷吃农田及粮仓中的谷物，又因习惯于筑巢在房屋及古建筑的瓦片垅间和檐下，有破坏建筑物的嫌疑，并时刻不离开村舍及其附近的场院，而且总是唧唧喳喳的叫个不停，让人厌烦，因此有些地区的农民叫它"老家子"、"家贼"。

麻雀选择不同地点筑巢育儿，主要还是以安全及比较隐蔽为前提，即使这样也难做到万无一失。有一种叫做青蓝原丽蝇的昆虫，因为它属于寄生性蝇类，潜伏在麻雀巢中的丽蝇幼虫，专门靠偷吸雏鸟血液为生，轻则能将雏鸟吸得身体瘦弱，生长缓慢，羽毛松散，重者能将雏鸟血液吸尽，直至骨瘦如柴而死亡。成鸟竟然防不胜防，虽有惜儿心但无救儿力，青蓝原丽蝇反而成了麻雀家的"家贼"。

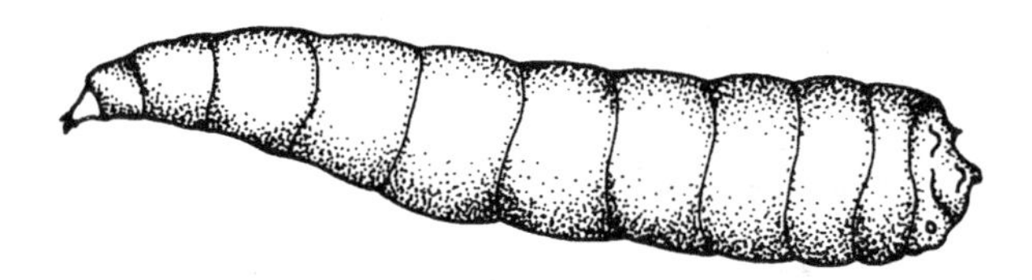

寄生在麻雀雏鸟身上的青蓝原丽蝇幼虫

青蓝原丽蝇在北京1年发生3代，恰好与麻雀在北京的抢窝次数相吻合。此种蝇类以蛹在旧鸟巢或鸟巢下的土壤中过冬，来年4月下旬蛹开始羽化为成虫。此时正是成鸟筑巢时期，当麻雀孵卵阶段，青蓝原丽蝇成虫便飞到鸟巢附近，偷偷监视着成鸟的动静，当成鸟左顾右看时，它们便暂时躲避起来，当成鸟闭目静心专思孵卵，便迅速钻入鸟巢的柴草缝隙中，并趁机把卵产在粪便或巢底的泥土和污物上，不久卵孵化出幼虫(蝇蛆)，初孵幼虫先以巢内粪便和污物为食，用来维持幼小生命，此发育阶段有点文雅幼稚。当雏鸟冲破卵壳出世时，恰好是蝇蛆刚脱过第一次皮后的生长发育盛期，于是便“一反常态”改变了食性，转而以吸食雏鸟的血液为生。

青蓝原丽蝇成虫及受幼虫危害的麻雀雏鸟

蝇蛆吸食幼鸟血液，也不敢“明火执仗”，有点做贼心虚，这是害怕不断往返喂食的亲鸟看见，将它啄死吃掉。蝇蛆为了生存，就玩了套“避实就虚”的鬼把戏，平时便潜伏在巢草和污物中，待巢中平静和亲鸟喂食的间歇阶段，迅速钻出来，伸长那像锥子般的尖嘴，刺入幼鸟皮肤内，猛吸一阵。当亲鸟回巢喂食，便将嘴巴收回，藏在幼鸟体下或巢草中装死不动。当幼鸟长出淡黄色的绒毛，蝇蛆似乎感到有机可乘，便钻到幼鸟胫下和大腿根，那里有绒毛遮挡亲鸟不易看到，幼鸟也不能用爪子搔到。幼鸟被蝇蛆吸吮过的部位，轻者留下一块块紫红色的斑迹，重者形成鲜红色溃烂疮疤，致使那可怜兮兮的幼小生命头抬不起来，腿也迈不开步，即使勉强成活下来也是个“终身残废”。

成鸟从筑巢、下蛋、搭窝、喂雏到抚幼可算是费尽了母爱的苦心，竟让那不露面的窃贼将亲生儿女危害得残缺不全，有的竟过早夭折在巢中。据调查，青蓝原丽蝇每年6月间的第二代，与麻雀一年的第二抱盛期相同步，因而寄生率也最高，一巢之中竟有蝇蛆150~180多只，1只幼鸟身上吸吮着十几只。

青蓝原丽蝇在昆虫纲中排位于双翅目、丽蝇总科、原丽蝇属。此种蝇类在我国的吉林、辽宁、内蒙古、北京、河北、陕西、甘肃、新疆及山东、云南各省(区、市)，都采到过标本，可作为分布佐证。

顾名思义，青蓝原丽蝇成虫的身体，深蓝至暗绿色，在光的照射下可发出金属光泽，身体长度在6~13毫米之间，一般说雄蝇小于雌蝇。

麻雀雏幼期在巢中生活期间，找上门来的天然敌害，决非只蝇类一类，还有属于蛛形纲、蜱螨亚纲、螨目的腐食螨。它们也能爬在雏幼鸟身上吸食血液生活，多时一只鸟身上可达百头，竟能使鸟的羽基下成为一片红色，但不遗留伤疤，这是与受到蝇幼危害后的明显区别。

幼鸟羽翼丰满离巢时，大部分螨虫随鸟体带出巢外，遗留下来的便以巢中鸟儿脱落的皮屑和粪便残渣为食，等待下一代抱出来的雏鸟供血后才大量繁殖后代，持续生存下去。

麻雀的多种天敌，虽对麻雀的数量起到了抑制作用，但对麻雀的空间生存条件、去劣选优、保持种群的持续性发展会有益助。

20. 昆虫家族中的“老来俏”

斑衣蜡蝉交配前雄（小）雌（大）约会

斑衣蜡蝉产在老树干上的卵块。上为带有覆盖物的卵块，下为已孵化的卵壳。

椿树虽然有易成活、生长快、枝繁叶茂、适用于遮阳防风等特点，但它那满身的臭味，却有点美中不足。不过也有“臭味相投”的食客，这就是昆虫中的“老来俏”。它从童年开始直到年老寿终，总舍不得离开这满身臭气的伙伴。对椿树来说，臭有臭的好处，免得招来大祸，因此，危害椿树的昆虫种类与其他树相比要少许多。

“老来俏”这种昆虫从小就爱穿着打扮，一生中要换几次新衣，而且一次更比一次花俏，因此便有了这一美称。这种昆虫一年只发生一代，成虫把卵产在寄主椿树的老枝干上，卵粒成条形，整齐地排列成块状。为了过冬卵的安全，产完卵后的成虫，还要从产卵管中排出大量的粉褐色黏液，覆盖在卵块上。卵经历寒冬后，到来年的5月间随着卵中的胚胎发育，卵粒膨胀，外面的保护层便自然脱落，不久即从卵上的裂口中孵化出一个个小若虫来。（陆生不完全变态昆虫的幼期称为若虫；没有蛹期的昆虫为不完全变态昆虫。）刚从卵中钻出来的幼儿，身披黑色“外衣”，上面衬托着一些白色小星，显得那么严肃庄重。当它长到三龄时，便换上带有红色、黑袖黑腿的“春装”。发育到成虫阶段，便完全改变了若虫期的装束，穿上灰蓝色带有白色点的“外罩”（前翅）、内衬红色镶有黑边的“筒裙”（后翅），腹部由黑变成棕黄相间。也许是快要“婚配”的缘故吧，它全身又涂上了一层抹得不太均匀的白色蜡粉。

斑衣蜡蝉的三龄期若虫

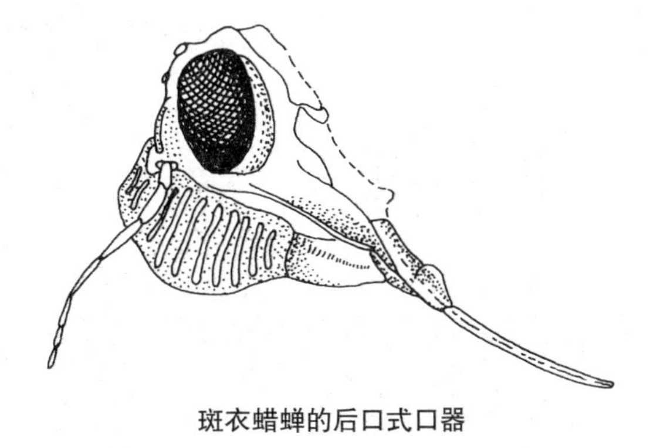

斑衣蜡蝉的后口式口器

这种昆虫属于同翅目，是

蝉类的远房亲属,人们叫它斑衣蜡蝉,俗名樗鸡。樗鸡名称的来源,与它们喜食的椿树有密切关系:“樗”字是臭椿树的代称:斑衣蜡蝉的体形是头尖、足长,停栖时翘头垂尾,样子很像昂首啼叫的鸡。

樗鸡为什么要像雄鸡啼鸣那样“站立”在树上呢?这是因为它那根刺吸式的针状口器,从头的下方向后伸出,而且不能随意弯曲(人们把这种口器叫做后口式口器)。樗鸡取食时,只有头部翘起来,口器才能从胸部腹面垂下,去刺穿树木的皮汲取植物液体。另外,樗鸡这样的姿势,也能增加足的爆发力,可随时弹跳,躲避开天敌的侵袭。

樗鸡还有着特殊的习性,从小到老,总喜欢许多只聚在一起,而且常在寄主椿树的枝干上列队而行,十分整齐。只要有一只在瞬间弹跳飞走,别的就好像得到了什么号令似的,会一个个旋即离去。有时也在枝干上互相追逐,绕着树干转圈,像是在玩着“捉迷藏”的游戏。

斑衣蜡蝉的初龄若虫

21. 虫为媒

春光明媚百花开。花儿婀娜的姿态,鲜艳的色彩,芬芳的馨香,甘甜的蜜液,似乎在传递着某种信息。原来这是花儿在招徕为它传粉做媒的“知音”哩。

昆虫是植物授粉的重要媒介，其中蜜蜂是主要的一种传粉昆虫。显花植物中约有85%主要是由昆虫来传授花粉的。

土蜂在为棉花传粉

蜜蜂的后足（携粉足）

蜜蜂传粉，主要是靠它那特化的后足。经过长期适应，蜜蜂后足上的胫节既宽又长，向外的一侧还有条状横槽，槽的周围布满又密又长的毛。蜜蜂在花柱上爬来转去时，就将花粉“粘”在毛上，再用前足、中足推搓、刷弄到槽里。蜜蜂从一朵花飞到另一朵花，不停地采着花粉，这中间它会不经意地将雄蕊花粉“掉到”花的雌蕊上，从而起到了给雌花授粉的作用。

红光熊蜂在为水柳花传粉
（黄色为雄蜂，黑色为雌蜂）

花儿能引来昆虫做媒，有的靠色彩，有的依香气。有一些植物，它们的花朵形状很特别，花冠的长短、蜜腺的深浅只适合某种昆虫采粉，而别的昆虫无论如何也休想“沾光”。

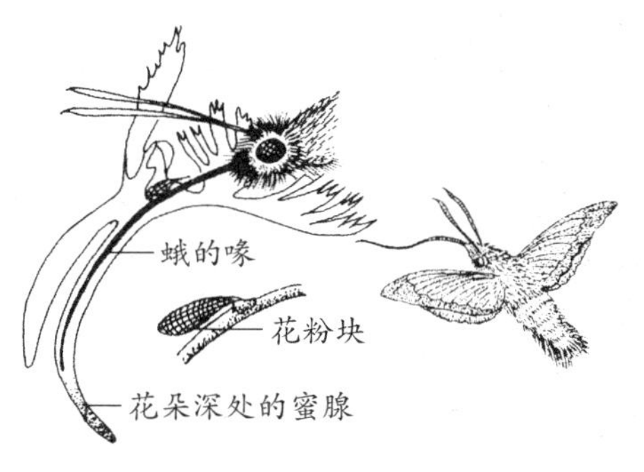

日间活动的天蛾在用长喙伸到紫边兰花花朵深处采蜜时，与花粉块接触后再与另一朵花的雌蕊接触，即起到传粉作用。

兰花形状优美，清雅芳香，它不仅释放出与小黄蜂性引诱气味相似的香味，就连它那花形，也很像雌小黄蜂的“娇容”。雄蜂闻到这气味后，便不约而来。

豆科及唇形花科植物的蜜腺，深深隐藏在唇瓣底部，因而只有蝶与蛾才能用它们那能伸缩的虹吸式口器，去取吸传粉，其他种昆虫就很难闯进“绣房”，当然也就不能为它传粉做媒了。

木蜂在为棉花传粉

奇怪的是，有些昆虫只有夜间才出来活动。他们怎样才能找到花朵的位置呢？原来白色及淡青色的花朵更喜欢夜幕降临时开放，而且许多种花儿经日间高温、日晒，在日落后随着自身温度的散发，会释放出更为浓郁的香气。夜行昆虫就是靠着这股股浓香的引导，找花传粉的。

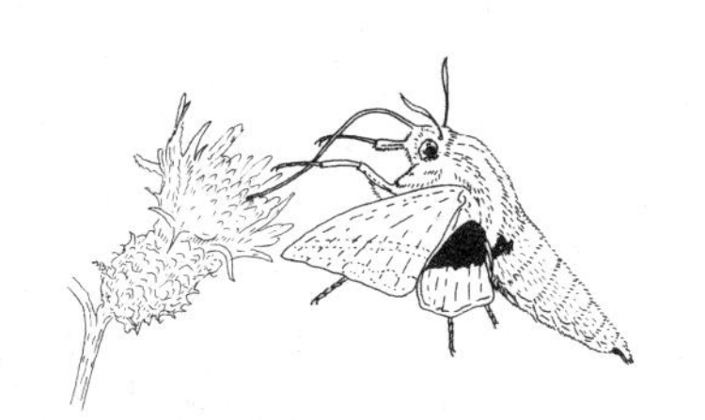

天蛾成虫夜间吸食花朵中的蜜汁，同时也起到传粉作用。

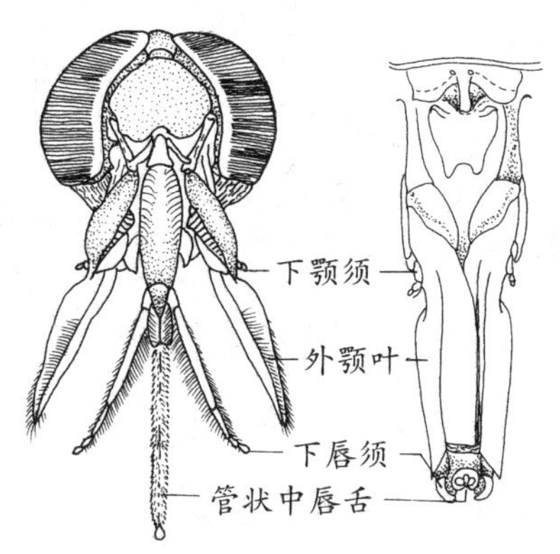

蜜蜂的嚼吸式口器及其构造

蚂蚁和大黄蜂也常成为花蜜的食客，但它们“行为不轨”，常从花朵的基部挖洞，钻进去偷吃花蜜。这时花儿也不示弱，便在花冠和花茎上长出密集的茸毛，分泌出黏液状胶环，设置了“防盗”屏障，毫不客气地将它们“拒之门外”。

蜜蜂在梨花丛中爬转飞舞为梨树传粉作媒

22. 小球里的秘密

脱去球形外壳的雌性珠绵蚧壳虫

在种植过大豆、绿豆和生长着刺儿菜、苍耳、野苜蓿和小旋花等杂草的田野中，冬春季节，风吹沙扬，常暴露出一个个棕黑色的小圆球。这些小圆球小的只有米粒大，大的像颗小豌豆。用手捡起一粒，使劲一捏，会扑哧一声裂开，冒出一股黏糊糊像是牛奶的浆液，鼻子凑近闻闻还有腥味。

这个小球究竟是个什么东西呢？原来这些小球是同翅目蚧虫科的珠绵蚧昆虫，为了度过酷暑及寒冬而形成的坚硬体壁。

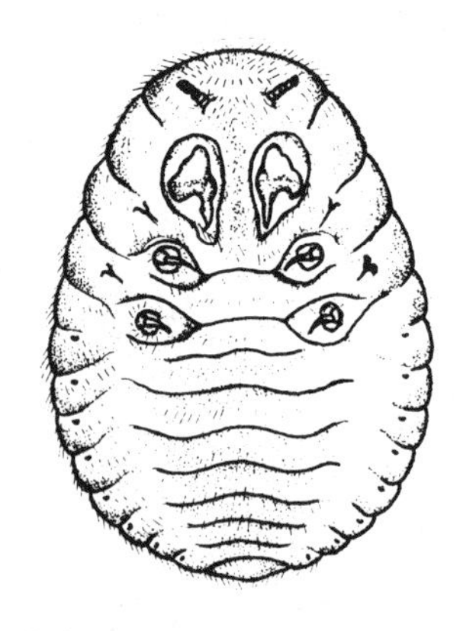

珠绵蚧壳虫雌性成虫身体构造

既然都是球，为什么有大又有小，而大与小又是那么整齐划一？我们把野外采来的大小不同的珠绵蚧壳虫球形体，放在25℃恒温箱中，经过30天左右的时间，我们会发现：从小球中羽化出来的全是带翅膀的雄虫，从大球中羽化出来的全是白胖短粗没有翅膀的雌虫。

珠绵蚧壳虫的雌雄球体

珠绵蚧壳虫都喜旱怕水，并且都生活在砂质的土壤里，即使含水量只有零点几，也可满不在乎地长期活下去，这是因为它身体外面有一层蜡质保护，减少了体内水分的蒸发。

珠绵蚧壳虫的生活习性也很有趣。雄虫羽化后，借助可作短距离飞翔的双翅，去寻找雌性。雌虫羽化后并不钻出地面，而是等待雄虫找上门来。交配结束后24小时，雄虫即结束了生命。雌虫略作休息，便用挖耳勺状的很发达的前足和那坚硬的利爪，向着深土层挖出六七厘米深的斜形隧道，在隧道的底部靠身体的蠕动，作个土室开始产卵。别看它虫体小，却能产卵1000多粒。约经40天的自然发育，卵壳外便显出两个红色的眼点，这是幼虫将要破卵出世的先兆。幼虫撕破卵壳后，并不马上离开地下“产房”，直等到所有的卵全孵化完，才靠发达的前足顺“母亲”挖的隧道爬出地面。看来“兄弟姐妹”之间还有点互相关照的意思哩。可是爬出地面后又互不

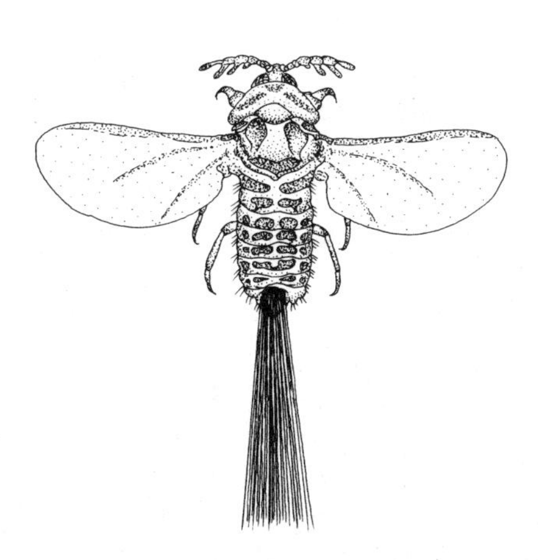

珠绵蚧壳虫雄性成虫身体形态

相认，而是各奔东西，去寻找自己的可吃的植物。找到可口植物后，便顺茎干钻入土中，用针状的刺吸式口器刺入植物组织内，吸食汁液。不久便脱去带有长腿的外衣，变成个只有嘴的嫩皮圆球。随着时间的延长，这个嫩皮圆球由白色变成褐色，软皮变成硬壁，只有这时大球小球即雄雌才能分明。

不要轻视这些圆球，有的两三年过完一生，有的七八年才羽化出来，这在昆虫中可算是"长命寿星"了。

23. 琥珀中昆虫的来历

"琥珀"色黄褐至红褐色，可作香料及镶嵌在项链、戒指或其他贵重金属上作装饰品。琥珀是松柏科植物分泌的树脂，滴落在地上后，经沙尘长期掩埋，久而久之而形成的化石，可与水晶、钻石相媲美。但质软性脆，比重小。

琥珀价格昂贵，不在树脂的色泽或年代长短，而是里面包埋着的那些小形动物。琥珀中包埋机会最多的一般属于同翅目的蚜虫，膜翅目中的小蜂，双翅目中的蝇蚊以及鞘翅目中的隐翅虫等微小昆虫种类。因此，又说"琥珀之贵在于虫。"

琥珀中昆虫的来历

小小的昆虫体躯，是怎样进入到固体树脂中去的，又是怎样被封埋在里面的呢?俗话说："无巧不成书"。原来是在一瞬间的巧合相遇而形成的结晶体。

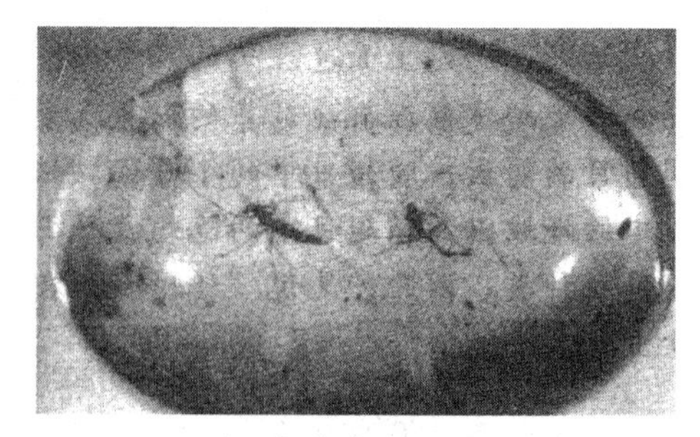

5千万年前琥珀中的化石
（一对始新抚顺摇蚊）中国地质博物馆藏

每逢春、夏季节，正是松、柏科植物生长旺盛季节，由于阶段性的营养过剩，便从那簇簇翠绿的针叶端部，鳞茎裂缝中以及枝干伤疤处，渗透出黏而透亮的松脂来，当松脂聚集到一定大小，黏度承受不了松脂的重量时，便点点滴滴的垂落到地面，而后经过长年累月风吹来的沙土及尘埃，埋入地下，日久天长，成为琥珀化石。

当一滴还较稀释的松脂向下滴落的过程中，在空中的一瞬间与正在飞舞的小虫撞个正着，滴在了小虫身上，或者松脂落地时正好滴在地面活动的虫子身上，由于松脂还处在黏着状态，加上虫体的重量和不停地挣扎，便很自然地陷入松脂中而被包埋起来，松脂外面成为不规则的圆形。随着长时间的风吹日晒，水分蒸发，松脂即凝固成脆而透明的固体，成了虫子的“玻璃棺材”，虫子永远在里边安眠了。当然这巧遇的机会十分难得，才成为稀少为贵的珍品。

如果被包埋的昆虫色泽鲜艳，四肢伸展，形态自如，那闪烁着蓝色和绿色光泽的翅膀，透过晶亮如镜的树脂固体，更翱翔如生，很是精致美观，价格也随之上浮。如是无翅或暗淡无色的昆虫种类，那可就逊色多了。

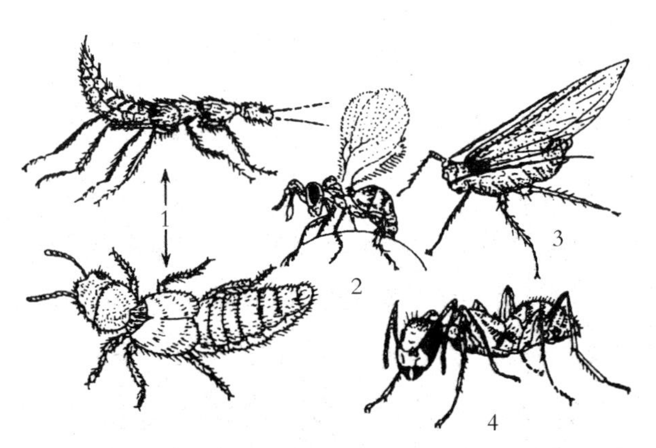

常见于琥珀中的昆虫
1. 隐翅虫；2. 小蜂；3. 蚜虫；4. 蚂蚁

琥珀中的昆虫为什么都是小型种类

为什么琥珀中包埋的大多是蚜虫和小蜂之类的小型昆虫呢，这与不同类群昆虫的生物学习性有着密切的关系。蚜虫不但一年中可完成几十个世代，而且个体繁殖能力也很强。据科学家们统计，一只孤雌胎生棉蚜，在北京的气候条件下，从每年的6月开始到11月中旬的180天中，所生的后代如果全部成活，可高达6万亿亿只以上。春夏季节，正是各种蚜虫繁衍生殖，产生有翅蚜大量迁飞阶段，在有限的空间范围内，蚜虫的密度极为可观，这就增加了被滴落的松脂粘着并包埋的机会。

膜翅目中的小蜂、茧蜂、姬蜂多为寄生性昆虫，春夏季节，也是多种松、柏科植物上的多种害虫发生旺季，小蜂类为寻找寄主，产下它繁殖后代的卵，便忙忙碌碌的穿梭于林间，两者的同步性，便增加了巧遇机会。至于琥珀中为什么极少有较大型昆虫，这与松脂的体积有关。据地质学家测量，常见的琥珀化石一般约有指甲盖大小，大的能像矿泉水瓶盖。如遇较大虫体，一是包埋不住，二是较大昆虫有能力经过挣扎而逃脱。正是“虫脂巧遇一瞬间，深埋地下数十年，自然珍品天做美，采挖不易形成更难。”

前人对琥珀昆虫的认识

我国历史上对琥珀昆虫的记述，可追溯到南北朝时期，著名医学家陶弘景曾有“俗有琥珀中有一蜂，形色如生。……此或当蜂为松脂所粘，因坠地沦没尔”的记述。此后，北宋年间的陈承对琥珀昆虫的成因作了更为准确的记载：“若琥珀乃松树枝节繁盛时，为炎日所灼，流脂出树身外，日渐厚大，因坠土中；津润久藏为主土所渗泄，而光莹之体独存。今为拾芥，尚有黏性，故虫蚁之类，乃未入土时所粘着”。当时的认识主要从药用角度所理解，因而有琥珀黄至红褐色，一般透明，质软而脆，可制琥珀酸，中医药用作安神镇静剂。对琥珀中昆虫以化石角度进行研究是20世纪30年代开始的，不久因种种原因而中断。1949年后随着我国古昆虫学专业研究的不断进展，琥珀昆虫研究在该学科及相关领域已更系统而深入。我国琥珀昆虫资源丰富，其中抚顺煤田出产的始新世琥珀昆虫，以其种类多，保存完好而闻名于世，成为中国琥珀昆虫的极品代表。

24. “育儿室”与“男保姆”

鸟类产卵后，通常要经过亲鸟用体温抱孵，才能使卵内的胚胎发育，最后孵出小鸟。在昆虫家族中，绝大多数种类也是卵生的，但是一般雌成虫产卵后，就什么也不管了，卵只能在自然条件下发育和孵化。初孵化出来的小幼虫，经常被其天敌吃掉或被寄生，可以说大多数昆虫的“父母”，没有尽到养育的责任。

奇妙的是革翅目中的蠼螋，像鸟儿一样会自己修筑“产房”，还能伏在巢中抱蛋孵卵。蠼螋经过雄雌成虫交配后，雄虫便另谋新欢去了。将要做“母亲”的雌虫，便选择一个适宜地点，用嘴和足在地下挖个 8 厘米 ~ 10 厘米深的洞，作为它自己的“产房”和“育儿室”。然后爬出洞外，寻找食物，以便满足身孕所需要的营养。然后它便钻入洞中，用泥土封闭洞口，过起了隐居生活。产下数十粒卵之后，便不食不动地卧伏在卵堆上。为了使卵发育时间一致，还经常用嘴和足将卵上下翻动一遍，这种动作大约相隔十几小时做一遍。约经 20 天，卵粒相继孵化，白嫩的幼虫围伏在成虫周围。夜幕降临，“母亲”便挖开洞口外出为幼虫觅食。为防不速之客闯进洞内伤害小幼虫，“母亲”仍将洞口封上。当找到可口食物时，“母亲”便用腹部末端的夹子拖带回洞，用嘴啃碎后喂养幼虫。幼虫脱过一次皮，到达二龄时，“母亲”才准许幼虫出洞，锻炼一下独立谋生的本领。直到幼虫长到三龄时，“母亲”才准许它们离开出生地，各自独立去谋生。

蠼螋在田间及村舍附近爬动觅食时，总不忘把夹子翘起来，好像是随时警戒准备格斗一样，但夹子可用来猎取食物，甚至夹人致痛，这是千真万确的，因此人们也叫它耳夹子虫。

正在“育儿室”中抱卵的雌蠼螋

25. 天幕与丝路

冬去春来，天气渐暖。在桃树花蕾初绽的枝条上，一块块指环形状的虫卵中，一个个黑茸茸的小毛虫正在咬破卵壳向外钻。它们毫不犹豫，像是接到什么号令似的，一只紧跟着一只爬上树梢，在细树枝的桠杈间，一面从口中吐丝，一面不停地爬转缠绕，不一会儿，一个个用丝织结的帐幕便做成了。天气晴朗，风和日暖时，这些小毛虫便爬到丝幕外面，像是在晒太阳浴；天气变坏或有天敌来犯，它们便敏捷地钻到天幕中躲起来。晚上可是这些小毛虫逞凶的时候，它们成群结队地爬向嫩叶及花蕾，毫不客气地啃嚼起来。一枝被吃光，又集体转移

天幕毛虫的老熟幼虫

到另一枝，直到东方发亮，才拖着填满的肚子，结队归帐，睡起大觉。

这就是天幕毛虫。

太阳初升时，集结在天幕外进行阳光浴的初龄天幕毛虫幼虫。

天幕毛虫有着夜出日归的习性，而且能自如地往返于枝叶与幕帐之间。只要细心地观察它们爬过的枝条，就会发现上面遗留下了不会消失的痕迹——一根细丝。一只幼虫留下一根细丝并不明显，只是一条能勉强认得出的“小径”，多只幼虫爬过，便形成了一条宽敞的丝织“大路”，成了它们爬行的轨道。

天幕毛虫的成虫

天幕毛虫的丝，是从体内的丝腺体中分泌出来的液体，经过头下方的吐丝器吐出来的。随着“年龄”的增长，吐的丝量越多，织结的帐幕就越大，有的竟像个排球。

天幕毛虫经过20多天的“童年”的群居生活，便开始各奔一方，自谋生路，并选择进入下个发育阶段的场地，只留下空荡荡的天幕丝帐在枝杈间随风摇晃。

天幕毛虫的老熟幼虫选择好场地后，又开始吐丝。这时吐丝的目的不再是织结帐幕，而是用丝将叶子的边缘牵连在一起，做成个饺子形的叶卷，

天幕毛虫成虫在寄主树枝条上产下的指环形卵块

在里面织结成一个外层疏松、内层严实的白色茧子。老熟幼虫在茧内经过10天左右的蛹期后，便脱去蛹皮变成身穿黄色丝绒外衣的成虫，不久即成双配对，交配产卵。

天幕毛虫产卵时，尾部围绕枝条旋转，致使产下的卵块成指环状，这也增加了卵在枝条上的牢固程度。卵壳外还涂上胶质双层花环图案，除提高防寒能力外，也起着逐敌的拟态作用。

天幕毛虫的卵并不是春天到来时才开始胚胎发育，而是在秋末就已经孵化成幼虫，幼虫在卵壳里度过冬天。这样在春意初露时，它们便能“捷足先登”，嚼食营养丰富的嫩芽和花蕾。

26. 蜂鸟之谜

蜂鸟体小如蜂，它白日活动，常飞临花间，从它那细长的嘴中伸出带毛的舌管，深入到花朵深处吸食花蜜。蜂鸟盛产于南美洲热带地区。它体色鲜艳，飞翔极为敏捷，难以捕捉。

傍晚或夜间在花丛中飞翔，伸出长喙吸食花蜜的雀纹天蛾。

昆虫中确实有些种类，不仅体形、色泽像蜂鸟，就连它们的活动习性，取食方法，也与蜂鸟相似。

小豆长喙天蛾，体长有35毫米以上，前翅展开50毫米有余，体色鲜艳，鳞毛厚密；背部灰褐，腹面灰色，两侧有白色斑点兼暗红色条纹；红眼，赭须；前翅棕赭，有棕色条纹，缘毛棕黄，加上橙红色的后翅做衬托，很似鸟儿的翅羽；腹部末端那棕赭色的宽大尾刷，更像鸟类的尾羽。

小豆长喙天蛾在飞翔中伸出长喙吸食花蜜

小豆长喙天蛾与其他天蛾有着不同的习性，它白天活动（大部分天蛾都是在夜间活动），喜飞翔在花丛间，它那又细又长、能伸能缩的吻，伸入到花朵深处吸蜜。飞行时能依靠双翅的高速扇动，向前或向后自如飞行，悬空定位、直升直降更是它的绝技。有时急行转弯，忽东忽西，机警灵敏，难以捕捉。因此，小豆长喙天蛾也有“雀蛾”及“蜂蛾”之称。

在中国的大部分地区都能见到小豆长喙天蛾的踪迹。它与大多数天蛾种类以蛹过冬或幼虫过冬不同，它是以成虫度过冬天。早春气温回升到15℃左右时，它即能在多种“报春花”上飞舞吸蜜。这种生活习性在天蛾科中堪称一绝，与蜂鸟的取食及行为也有些相似之处。

雀纹天蛾的幼虫

蜂鸟在飞翔中用长嘴及舌吸食花朵深处的蜜液

也有许多人把雀纹天蛾误当做蜂鸟，因为它也很像蜂鸟。雀纹天蛾体长70毫米左右，颜色褐绿，有黄色线条及粉红色环节；翅黄褐，中部有多条褐色斜纹，后翅黑黄两色相间；头部复眼两边有白色鳞片，很似鸟类的秀眼，口吻发达。每天日落前到黄昏时刻，雀纹天蛾常飞翔在花间吸食花蜜。它伸出的长吻也像蜂鸟的管状舌。雀纹天蛾也称得上是一种“雀蛾”了。

日间在花丛中飞翔，伸出长喙吸食花蜜的小豆长喙天蛾成虫。

27. 千丝万缕做“嫁衣”

通常说的蚕，一般是指专吃桑叶的桑蚕，由于已经驯化家养，因此又叫家蚕。

家蚕成虫全身皆白，“一尘不染”，口器已退化，不再取食，有翅而不善飞。家蚕已成为性情温柔的经济价值很高的物种。家蚕成虫自茧中羽化出来后，不久即进行择偶交配，产卵，繁殖后代。但奇妙的是，竟然也有不经交配即可产卵、繁殖后代的家蚕。这是大自然赋予家蚕的一种特殊本领。科学家们将家蚕经交配而产卵生殖的方式称为两性生殖,将不经交配即产卵繁殖后代的称为偶发性孤雌生殖。

蓖麻蚕成虫

蚕幼刚从卵中孵化出来时,周身黑色,毛茸茸的,很像一只只的小蚂蚁,因此人们把蚕第一龄的幼虫称为蚁蚕。蚁蚕经过一次蜕皮后,即变成一只身体呈圆柱形、灰白色的“蚕宝宝”。再经过几次脱皮,“蚕宝宝”身体不断发胖,而且体壁逐渐达到半透明状,这是蚕幼老熟后将要吐丝的表现。

家蚕成虫及茧和茧虫的蛹

樟蚕雌性成虫

柞蚕雄性成虫

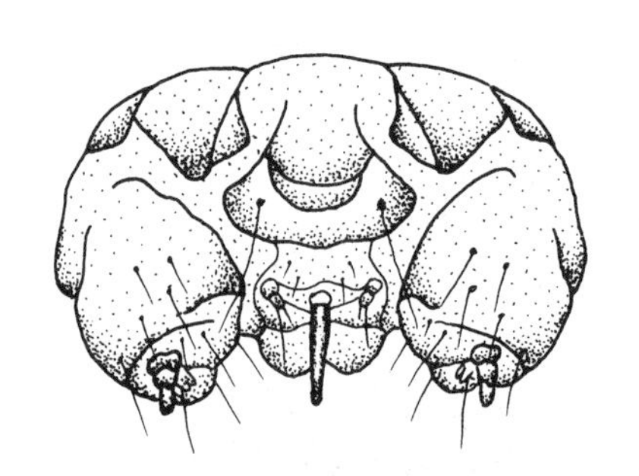

蚕的幼虫头部吐丝器形状
（中部的锥形体）

蚕吐丝的过程十分奥妙。它的头总是不停地上下左右摇摆，将头下吐丝器中抽出来的丝，绕成一个个8字形的丝圈，整齐有序地排列在一起。每20个丝圈叫做一个丝列。当茧的一头织好后，蚕便来个180°的大转弯，再用同样方法织造另一头。因此家蚕的茧总是两头粗中间细，很像一颗末去壳的花生。蚕结好一个茧，需要转换250~500次位置，编织约6万个8字形丝圈，每个丝圈约有1.66厘米长，总丝量可达1 000米长。蚕一生只吃桑叶，到老时却吐出柔软、光滑、洁白无瑕的丝，像是在为羽化后的成虫做“嫁衣”。

有成语形容家蚕织茧是“作茧自缚”，不无道理。对蚕本身来说，织茧的目的是为了保护那没有自卫能力的蛹，是为了蚕自己安全度过一生中的静止阶段。

“春蚕到死丝方尽”，人们对蚕这种辛勤的“劳动”，总是赞不绝口。

那么蚕的丝又是怎样形成的呢？原来蚕幼身体里有一套结构完整、构造复杂的造丝系统——丝腺体。丝腺体连接着头部下方叫做挤压器的吐丝泡，丝腺体和吐丝泡组成了一台“天然纺纱机”。一只老熟幼虫的体内，有两列细胞组成的丝腺体，它比身体长5倍，并且与贮有丝液的囊沟通。头上的挤压器与周围的肌肉相连接。蚕吐丝时，头上的肌肉不停地收缩，将丝腺体中的丝液抽压出来，丝液经与空气接触，便成为蚕丝。

昆虫中能吐丝的种类有很多，与家蚕是近亲还没有经人们驯化的野蚕，仅中国就已知有 28 种。中国已知有近 60 种大蚕蛾，其中有些种还是产丝大户哩。

家蚕蛾（成虫）在交配

28. 丝带飘曳丛中花

有一种名叫软尾亚凤蝶的美丽蝴蝶，它的幼虫专门吃一种叫做马兜铃的植物，俗名马兜铃凤蝶；因其后翅尾突细长如丝，又有丝带凤蝶的美称。

软尾亚凤蝶的雄性成虫

软尾亚凤蝶为雌雄异体。软尾亚凤蝶常在花间追逐嬉戏，形影不离。雄蝶翅以白色为主，前翅上半至外缘间，有多条由烟黑点组成的较细横带，后角内方有一个由黑红双色组成的斑点；后翅基部外缘有一条黑色宽带，后角有一个黑红相间的月牙形斑；尾突细长并有蓝色光彩。雌蝶翅以黑色为主，布满棕褐色横纹，中间夹杂着黄色细线，

初羽化后的软尾亚凤蝶

软尾亚凤蝶的雌性成虫

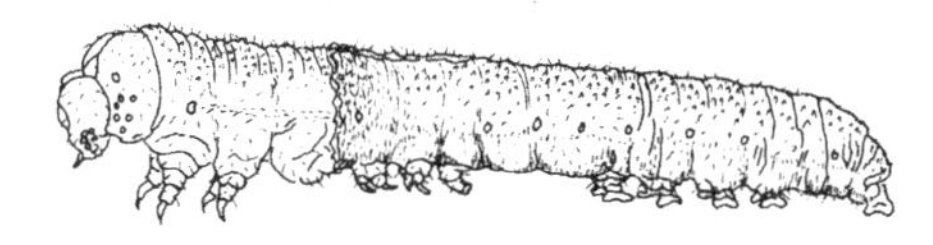
正在脱下旧皮换上新装，
进行增龄过程的蝶类幼虫

后角上有一块橘红色的珠形斑，后翅外缘镶有红色宽边。

软尾亚凤蝶以蛹在马兜铃附近的枯枝落叶中过冬，来年春末夏初从蛹中钻出蜷缩着翅膀的成虫，随着身体的不断抖动，双翅渐渐展开，不久即翱翔于空中或花丛中。成虫交配后，雄蝶不久即完成15日左右的寿命；雌蝶拼力飞翔，寻找马兜铃，把卵成块成堆地产在枝干或叶背，到此雌蝶也就完成了它传宗接代的使命而跌落荒野，成为蚂蚁等在地面觅食的腐食性昆虫的食物。

软尾亚凤蝶的老熟幼虫

从卵中孵出来的小幼虫，身体油黑发亮。为了抗拒大自然中的天敌侵袭，它们利用群体的优势本能，进行自卫。三龄前的幼虫，总是头尾各向一方，整齐地排列在叶片背后，同栖息，同取食，从不分离。一旦有天敌接近，它们会共同摇头摆尾，进行逐赶，与此同时，体表的臭腺会散发出恶臭气味，使天敌避而远之。三龄后身大体壮，各体节也长出橘黄色钉刺，像是有了自立的本领，才分散开来，寻找更丰满的叶片。幼虫老熟，选择幽静处所，脱去幼年童装，变成内在有成虫模样的带蛹，不久又化为美丽的彩蝶，重复着又一段生命。

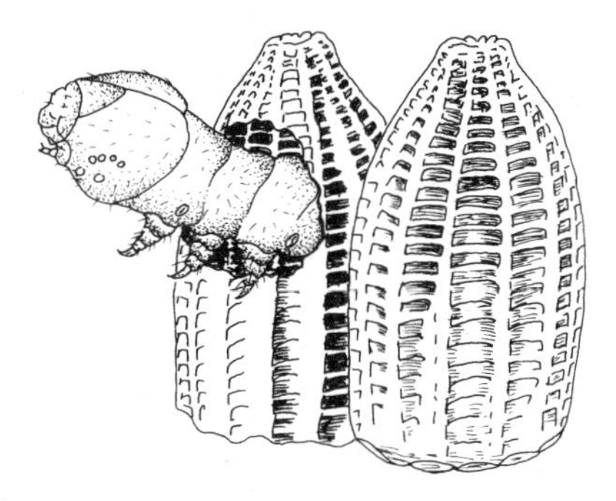

刚从卵中孵化破壳而出的蝶类幼虫

29. 地球上的老住户——白蚁

提起蚂蚁来，人们对它并不生疏，就连姗姗学步的孩子走在路边，看到蚂蚁觅食或搬家，也敢伸出小手扒拉它几下。有一种叫做白蚂蚁的昆虫人们对它就有些陌生。虽然都叫蚁，但归属形态各相异，蚂蚁属于膜翅目与蜜蜂同属近亲，头上的触角都是弯曲着的，昆虫学上叫做屈膝状触角。白蚂蚁属等翅目，这是因为有翅蚁的前、后两对翅膀，无论翅的大小或翅脉的多少，都是相等的，而且白蚂蚁头上的一对触角，很像穿起来的一串珠子，叫做串(念)珠状触角。

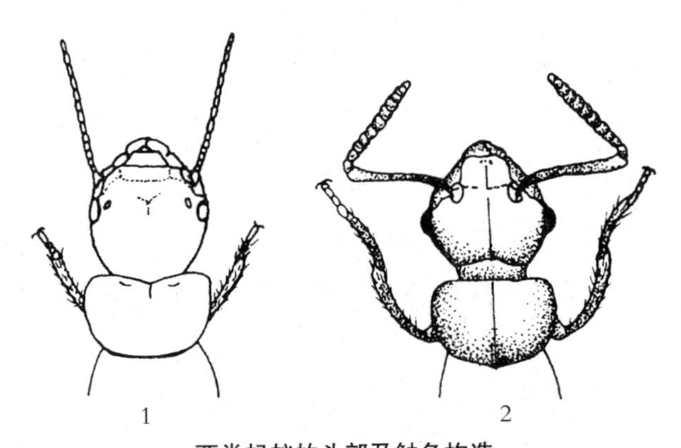

两类蚂蚁的头部及触角构造

1. 等翅目的白蚁；2. 膜翅目的黑蚂蚁

白蚂蚁（白蚁）是等翅目中所有种类的通俗名称。它们是一个比较原始昆虫类群，由于白蚁在地球的生存年代悠久，距今已有2亿多年，因此，它们也可算是生活在地球上的老住户了。目前世界上已记载的白蚁达2000多种，我国也有70种之多。

白蚁虽然种类不少，但它们是比较低等的一类昆虫，和蜚蠊类有着近缘的演化关系；而蚂蚁则是比较高等昆虫，在进化上与蜜蜂有着较近的亲缘关系。可是说来奇怪，这两类相距远房的昆虫，却又有着共同或接近共同的群居性生活方式，后被人们称为"社会性昆虫"。

我国古代对白蚁便有比较全面的认识，并知其有三害，一益。一害房屋：白蚁蛀蚀房屋隐而不见。这是因为它们多在土木建筑的内部危害，常将木材中部蛀空，外表不易察觉，虽有微小的通气孔与羽化道与外面相通，但平时也要用吸水线周围的泥巴封塞着，一旦遇到狂风暴雨侵袭，建筑物极易倒塌。故清康熙年间（17世纪）吴震方《岭南杂记》中曾有"粤中温热，最多白蚁，新构房屋，不数月为其食尽，倾圮者有之"的记载。不但危害房屋、铁路枕木、木构桥梁，就连埋入墓穴中的棺木，室内常年不动的衣箱、书柜，也都成为它们的蛀蚀对象。二害堤坝：近代《汉语成语词典》即有"千里之堤，溃于蚁穴"的词条。这里所指的蚁，多指白蚁，因为它们所挖之穴，不但深而且空洞大，同时能将阻碍它们蛀洞造穴的树根、石坝，甚至金属片蛀穿。我国历年洪灾溃堤，常造成人民生命财产严重损失的祸根的管涌溃堤之患，多为白蚁所致。古人对其记载颇多。约1600年前葛洪（公元284～363年）《枙朴子》百里（外篇卷28）就曾写到"夫百寻之室焚于分寸之飚，千丈之坡，溃于一蚁之穴，何不可深防乎，何不可改张乎"。人们吸取毁堤教训，也设想了不少防患于未然的好主意。如《荆州万城堤续志》（公元1894年）舒惠自序："如近年谙厚增高，砖石并用，挖蚁捕獾，重用石灰，日甚一日，非复原书之旧也。"三害金属：白蚁能蛀蚀金属并不是现在才知道的，早在清朝康熙年间就有记载。吴震方所著《岭南杂记》中说：1684年，某官府银库失盗，丢数千两纹银。起初误认为被窃贼所盗，后经明察暗访，但一无所获，无意之中却发现银库的墙壁有堆闪闪发光的白色粉末，拨开粉末，见有小洞，拆开墙后竟挖出了一窝白蚁，因此怀疑白蚁有偷银之嫌。于是，将此处白蚁置于炉中提炼，果然炼出了白花花的银水，失银之谜真相大白。白蚁能啃食金属，这与它们的体内有着能消化金属的特殊生理机能有关。白蚁不只是完全有害，也有有益的一面，白蚁有着特殊的药用价值。明代医学家李时珍在所著《本草纲目》中，就有用白蚁治病的记载。后经人们测试，白蚁体竟有钴、铜、钛、锑、铬等多种微量元素，并发现它们的体内存在有抗病物质甾体，主要有胆甾醇及其衍生物。同时白蚁体内所含的油酸、棕榈酸和硬脂酸等，有抑制肿瘤生长的作用。同时记载白蚁巢中的菌圃，是由白蚁的排泄物，经过细致加工，接种培养出的白球菌而形成的多孔块状物，是白蚁赖以生存而不可少的营养物质。故《本草纲目》中有"鸡纵咵气味甘平、无毒"。主治"益胃、清神、治痔"等功效。近年来经研究，发现鸡纵咵中含有人体所需的16种氨基酸，是十分珍贵的中药材。

白蚁除有上述三害一益外，还有着与众不同的三奇哩！一奇蛀木如泥：大多数昆虫，都是以植物的叶片或果实为食，但白蚁却专吃木材中的干硬纤维。纤维素是很难消化的高分子化合物，白蚁所以能消化并从纤维素从中获得营养，是因为它那消化道的后肠中，生存着许多单细胞原生物——多鞭毛虫。这些多鞭毛虫，能分泌纤维素酶，这些纤维素酶又可分解纤维素，经过分解后的纤维素，白蚁便轻而易举的进行消化，而从中获得营养。这便是坚硬木质能在白蚁腹中变得柔软如泥的缘故。二奇过着有品级的社会性生活：一个蚁巢中有着极为复杂的等级和社会分工。巢中有专门负责繁殖的"王族"，即一对"蚁王"和"蚁后"，但由于蚁后大腹便便，在那专为它建筑的"王宫"中，却失去了自由，真有点"进宫容易，出宫难"的苦衷。不过既然是"后"就有无数的"工族"和"兵族"分别负责担任觅食、营巢、种植菌圃、管理和喂养幼儿，清洁宫中粪便，搬运卵子去育儿室，担任警戒保卫，各司其职，日复一日有条不紊。三奇空中结良缘、脱翅入洞房：当一个蚁巢中的数量达到高峰，便会产生相当数量的有翅蚁，有的可多达成千上

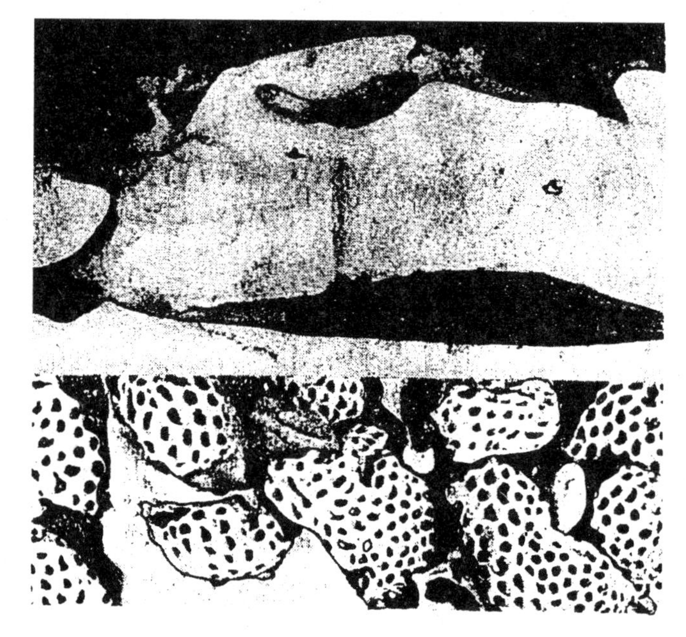

上为白蚁巢中的王宫；下为蚁巢周围的菌圃

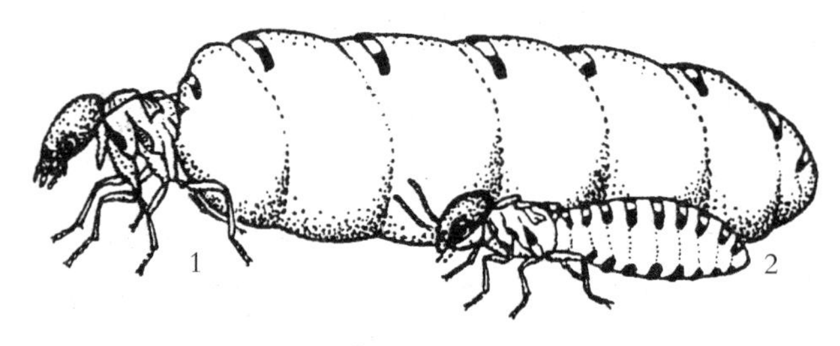

蚁后和蚁王
1.蚁后；2.蚁王

万，这些有翅蚁中竟然存在有两种性别。虽然这些有翅蚁已进入性成熟阶段，但还要暂时留在原来群体内，静等"良辰吉日"才能"嫁娶"。这个时间多选择在每年的六七月份，温度高、湿度大(高达95%)，天气闷热的黄昏时刻。白蚁的"婚嫁"方式也很别致，而且是接近现代的集体婚礼。红日西斜，大批巢穴中的有翅蚁即争先恐后，钻出洞来，并聚集在较空旷的林间绿地，振翅高飞，数量之多，远看似缕缕炊烟，时左时右随风飘摇，时上时下似薄雾翻滚，近看似轻纱飘柔（白蚁翅在光的折射下可发出浅蓝和红色光泽），十分壮观。此时先有群燕穿梭于群蚁间，尽情啄食。夕阳西下更有大量蝙蝠飞来，追逐捕食。真可谓“白蚁结良缘、鸟儿赴晚宴”。经过一段时间的群飞“狂舞”后，落在地下脱去双翅，进行交配后，随即选择树洞、朽木堆、建筑物缝隙、砖石瓦下筑巢生儿育女。

29. 蝇对人类益害任评说

成语“蝇头小利”是比喻像苍蝇头那样小的微薄利润。宋代苏轼《满庭芳》词：“蜗角虚名，蝇头微利”。以上比喻并不十分全面，是由于前人对有关苍蝇的知识知道得甚少所致。

苍蝇是多种蝇类的代名词。蝇类的种类很多，成语中指的是哪一种，难以考证，但它们在昆虫之中的体型与其他类群的昆虫相比较，个头还能排在中下或下上位置哩！如果用成语“蝇营狗苟”或“蝇粪点玉”倒更为切合实际。因为有些种苍蝇，确实有闻见腥臭味即不择手段的到处寻找钻营，故有“物腐生蝇”“无缝不生蛆”的说法。更何况苍蝇有喜欢在腐殖物上爬来转去，觅食产卵，并随时排泄粪便，造成物质受到污染的恶习。宋代陆佃《埤雅》“青蝇粪尤能败物，虽玉犹不免，所谓蝇粪点玉”是也。唐代陈子昂《陈伯玉集宴胡楚真禁所》诗：“青蝇一相点，白玉遂成冤”。可见古人对苍蝇的习性及行为已有所了解。

“蝇头小利”一语，不过是人们对一个小苍蝇头的形容，当然“微不足道”无利可图。如果再进一步，以苍蝇本身那种使人见之即感到厌恶的丑态，更会“嗤之以鼻”。但要以苍蝇的角度来讲，一个小小的蝇头，对于1只苍蝇来说则事关重大。头是蝇之首，它不但有着赖以生存的取食器官——口器，而且还是触角器官、视觉器官，并且是神经枢纽的所在，起着指挥消化、生殖、血液循环等的正常运转机制。

蝇类在动物界中的归宿

世界上所有的生物,凡自身能够运动,并具备独特的取食器官,在适宜的自然条件下,能持续繁衍后代的,被称为动物界。动物界中凡身体及各附肢由许多节组合而成的,被归纳到节肢动物门内。身体分为明显的头、胸、腹三大段,并有明显的触角,翅和足等附肢,身体外面包着一层坚硬的皮——外骨骼,具备以上特征的又被归纳到了昆虫纲。因此说,纲是昆虫的总领。又因昆虫种类太多,难以区分其种类,经过科学家的观察、研究对比,又把外部形状相同或相异的分别隶属于不同的目、科、属,一直到个体单元种,这种由高到低的顺序排列,叫做分类系统。

蝇类有发达的运动器官,对称的翅和足;有着独特的取食口器,身体外面有一层较坚硬的革质化的几丁质皮,因而具备了取得动物界、节肢动物门、昆虫纲的资格。

经观察发现,绳类经过长期演化及适应,后边的一对翅不见了,只剩下一对很像大头针形状的小棒,而且在飞行时能起平衡身体,不致左摇右摆的作用,给它起了个恰如其份的名称——平衡棍。既然蝇类的后翅已经退化到不成为翅膀的形状了,所以人们日常见到的蝇类只有两个翅,就把它们排列到了双翅目。

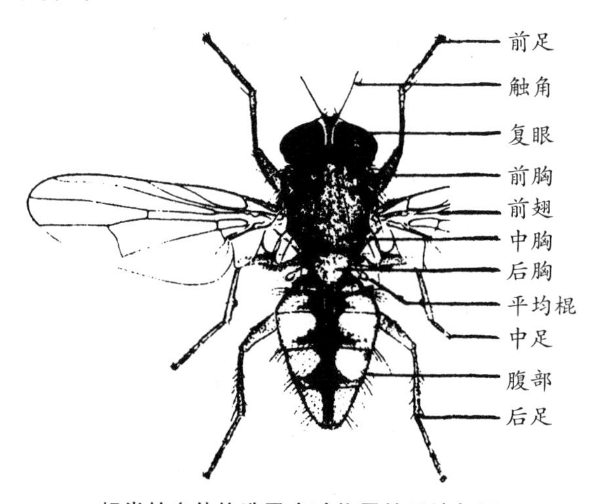

蝇类的身体构造及在动物界的系统归属

双翅目中包括有蝇、蚊、蛉、蠓、蚋、虻六大类群，是昆虫纲中大目之一。此目世界记载有 9000～12000 余种。

如果把一只家蝇在动物界中应有的系统分类地位归属，可用分类阶梯形式表现出来。为便于记忆可将蝇类成虫概括成 4 句话：“芒状触角，蘑菇头嘴，棒状后翅，多毛的腿。”

蝇类的一生多变化

界	动物界
门	节肢动物门
纲	昆虫纲
目	双翅目
科	蝇总科
属	家蝇属
种	家蝇

蝇类属于完全变态昆虫，一生中要经过卵、幼虫、蛹、成虫 4 个完整的变态过程。卵是蝇类一生中的起点，形状椭圆形，两头尖，中间粗，略弯曲，卵的背面有两条嵴，两嵴之间有较薄的膜，是为幼虫孵化时留下的窗口。卵白色，在大自然温湿度的孕育下孵化为幼虫，名曰蛆。《本草纲目》中记述：“蛆行趑趄，故谓之蛆。或云沮洳则生，亦通。”又谓：“蛆，蝇之子也，凡物败臭则生蛆。”蝇类的幼虫体白无瑕，白皮细肉，前尖后粗，头和足都已退化，才被称为无头无足型幼虫。全身只能见到一个分节明显的锥形长筒，身体向前运动时，是利用各体节间那层薄膜不停地伸缩，与地面产生摩擦向前移动或转动方向。取食时是用它头前锥形的尖嘴，钻到食物里吮吸物质中的汁液，因此，吸的是稀食，排的也是液体，故有“只见蛆取食，不见蛆拉屎”的说法。

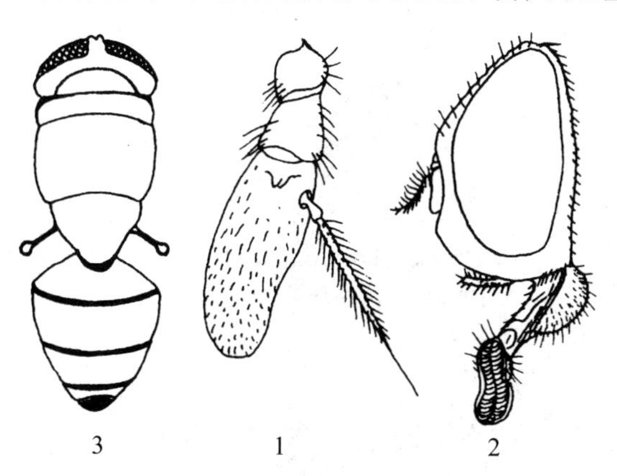

家蝇的身体构造

1. 家蝇的触角；2. 口器；3. 反翅演化成的平衡棍

蛆幼虫接近老熟时,逐渐变成乳黄色,不久便潜入土中,或在生活场所的污物残渣下,不食不动地生活一段时间,才脱下最后一龄幼虫时期的那层老皮,由嫩皮皱缩成栗色的桶状蛹,蛹皮外面能看到不规则的硬皱纹,以及第一、二腹节间的一对气门。这种形状的蛹被称做围蛹。此时的蛹,从外表看似乎平静,但内部却起着由幼虫到蛹(成虫前期),从生理到形态的脱胎换骨变化,当变态结束,成虫雏形已经形成,不久即开始羽化。冲破蛹壳时,先由成蝇头上的额囊不间断地交替膨胀和收缩的冲击力,将蛹壳前端挤开一条缝,成蝇便随之爬出来了,头顶上的额囊也就很快消失。因此说,蝇类的头在它的一生中,还有着冲破蛹壳牢笼"功不可没"的用途呢。

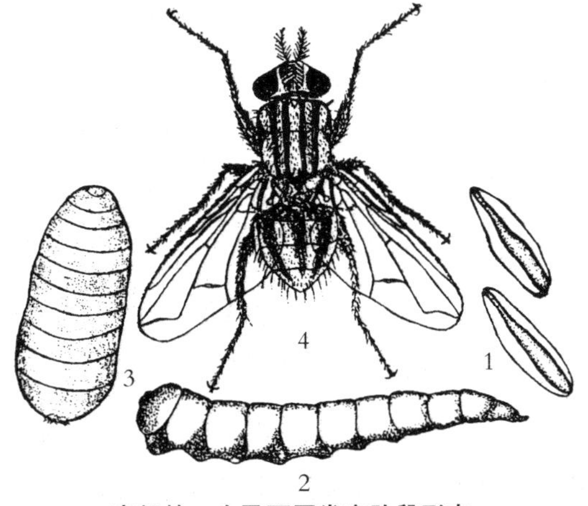

家蝇的一生及不同发育阶段形态

1.卵;2.幼虫;3.围蛹;4.成虫

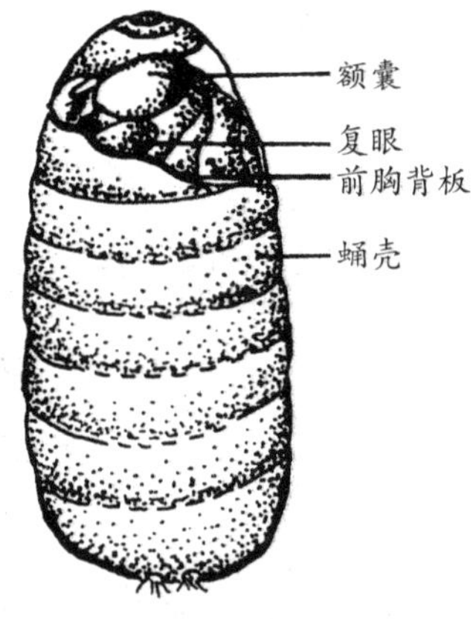

蝇类蛹期破壳用的头上的额囊

蝇类是个大家族

蝇类之多可说是启目可见。据记载全世界约有3000多种，而且常在人畜生活圈内打交道的常见种类也有70余种。它们主要属于蝇科、丽蝇科、麻蝇科的一些种类。

蝇科：成蝇常进入人的家中或出没于人、畜居舍附近。幼虫多滋生于人、畜粪便中，少数种类的幼虫为杂食性。

丽蝇科：成蝇一般在户外活动，喜阳光，耐寒冷。幼虫常滋生在兽骨作坊的腐烂动物质中，屠宰场的废料以及畜粪垃圾中，有些种也寄生在鸟巢的粪便残渣中。

麻蝇科：成虫喜活动在人、畜居住区，幼虫滋生在人畜粪便及舍区垃圾中生活。

蝇类为什么这么多，主要原因有：①世代短。大多数蝇类在适宜的生活环境中，完成一个世代只需15天左右，也就是说1年内至少可完成10代以上。②繁殖力强。一对家蝇在适宜的温湿度和有着充足的食物条件下，在150天的时间内，即可繁殖191亿只幼蛆。③有顽强的抗病能力。苍蝇具有很强的富集能力和免疫功能，能有效地吸收所食物质的营养成分。一生与垃圾为伍的苍蝇之所以百病不染，百毒不侵，主要原因是体内含有一种抗菌活性蛋白。据研究证明，任何病菌在苍蝇体内的存活时间都不超过7天，只要有万分之一浓度的苍蝇蛋白，就可杀死多种病菌。④飞行迁移能力强。虽然蝇类的后翅已经退化成平衡棒，但它们的飞行速度并未减慢。家蝇每秒钟可飞行2~5米；鹿蝇的飞行速度可与现代飞机媲美，每小时可飞行400~500千米。一些种昆虫从用2对翅飞行，演变到用1对翅飞行，这是飞行能力发展的必然结果。从进化的角度理解，蝇、蚊类双翅目昆虫应属于昆虫中的“高等绅士”了。蝇类有了很强的飞翔迁移能力，这就扩大了它们的生存范围，增强了夺取食源和空间的能力。

与蝇共识

人们常说:“认之才能领悟,相认才能相识”。人与人之间是如此,人与其他动物之间也应该是如此。只有对其真正的认识,才能对其治理、利用和保护。

蝇类数量众多,种间形态各异。限于篇幅,难以全都相认,只能选择几种与人畜有关的种类,观其貌,领其神。

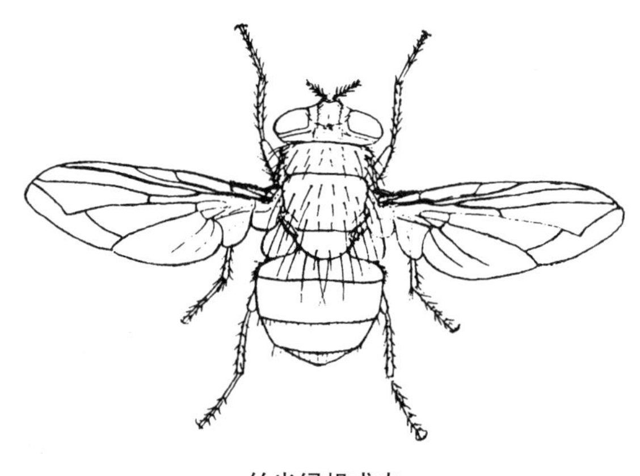

丝光绿蝇成虫

五光十色的丝光绿蝇:身体长度在5~10毫米之间,算是绳类中的中等个头。除头上的额区及触角为黑色外,全身绿色并带有蓝色金属光泽,十分美丽。头部前宽后狭,触角第三节长为第二节的3倍;胸部背毛细长而密集,后胸基片上的毛较细,前缘基部鳞黄色。从侧面看雄蝇腹部末不拱起。雌绳常把卵产在人或牲畜的腐烂伤口处,破口的疮疖内。孵化后的幼虫如钻入羊的健康组织内,便会引发蝇蛆症,是温带地区羊群一害。我国各省(区)都有不同程度的发生,应属真正的人类居住区的蝇类。

馋食羊血的伏蝇:体长6~10毫米。墨绿色,有金属光泽,在阳光下尤为明显,雄蝇头上的额部较狭,近乎线状,雌蝇额宽与复眼大小相等,中颜板棕色或黑色,侧颜下方呈棕红色,下颚须及触角赭色。胸部背上鬃毛短,中胸盾片沟前部披淡色粉被,两侧各有1条不甚明显的纵行狭条纹。前翅肩上的鳞黑色,前缘基鳞棕红色,腋瓣黄色,上腋瓣外方有白色毛。腹部前气门橙红色。足黑色,各节上鬃毛较多。成蝇常在羊身上产卵,孵化后的幼虫就在羊身上生长发育,形成羊蛆症,有时也在人的伤口或疮疖处发生,一般情况下不侵害健康组织。据报道有利用灭菌后的幼虫馋腐性来进行外科创伤处的治疗。属于真正的人类居住区的蝇类。

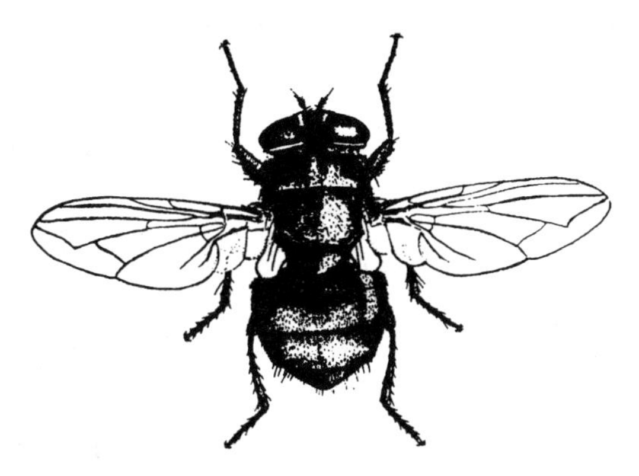

伏蝇成虫

追逐鸟巢的青原丽蝇：身体长度8~10毫米，身体多为绿色，有的个体呈暗绿至深蓝色，雄蝇头额狭只有单眼三角区之宽，额间呈黑色；雌蝇额宽约为侧额的3倍，下颚须棕黄色，触角基部棕红，上部黑色。雄蝇胸背深蓝色，深色的纵条纹不明显；雌蝇的背部呈金属绿色，粉被较密，有明显的暗色纵条，前缘基鳞稍黑，端部呈棕色，足黑色。成虫产卵于巢栖鸟类如燕子、麻雀巢中，蛆幼吮吸雏鸟血液，一巢中可多达百头，能致雏鸟死亡。分布于我国辽宁、内蒙古、河北、陕西、甘肃、新疆、山东及云南等省（区）。

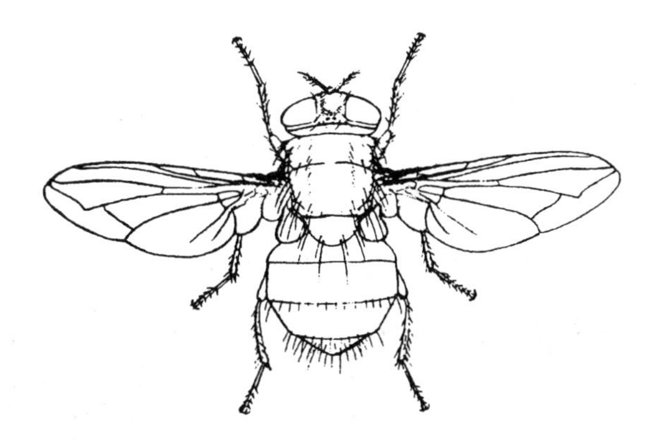

青原丽蝇成虫

喜食动物粪便的棕尾别麻蝇：身体长8~12毫米，全身灰色，额宽是头宽的0.19倍，颊部后方有白色毛。前胸背板中央向下凹陷并具有黑色毛，小盾片前有中鬃1对，后背有中鬃5对。此种蝇类主要生活于狗及其他肉植兼食动物粪便中。在我国分布于东北、黄淮、滇、江南及华南各省(区)。属于人类居住区的蝇类。

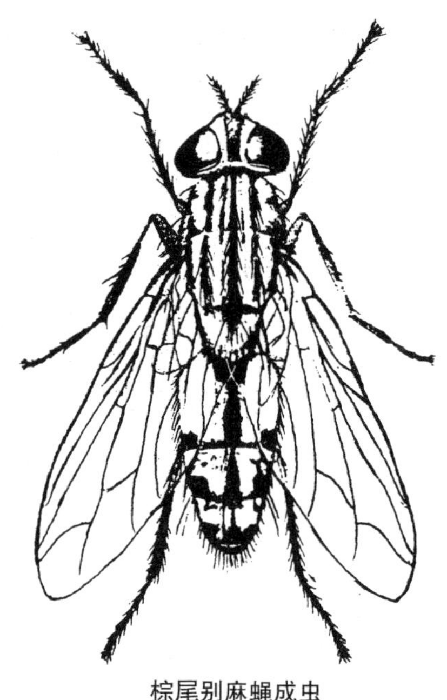
棕尾别麻蝇成虫

与人共居的家蝇：身体长在6毫米左右，头及身体灰黑色，胸部背面有4条黑色纵纹，腹部与胸部相接处黑色。雄蝇额部比触角基部宽；雌蝇额部比复眼宽1/4，但侧额的上方很狭。前胸背板中央下陷，上面有细毛；腹部浅灰色，有3条深灰色纵带，中间1条直而粗，各节间有鬃毛数根。成蝇活动在人类社区、膳食场房、食品作坊、菜果市场，禽、畜圈舍，棚、厩以及凡有腐败物质，动物皮毛尸体处均有其踪迹。属于真正的人类居住区的蝇类。

家蝇成虫

爱闻臭味的瘤胫厕蝇：身体长6毫米左右，暗黑色，雄性额间狭与额的宽度，侧颜光滑，翅十分透明；足黑色，中足基部有利刺，胫节中部腹面有明显的瘤状突起。腹部中线灰黑色，各体节中部向上外方有呈十字形深色纹。成虫活动于人的生活区，凡有垃圾及浓度较高的腥臭味地方，家畜粪便均有存在。分布于我国东北、华北、西北、华东各省(区)(图39)。

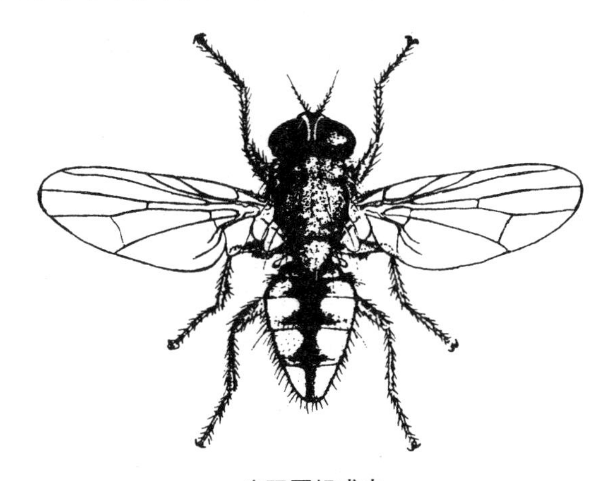

瘤胫厕蝇成虫

家畜一害——厩螫蝇:体长约7毫米左右,暗色偏黑,具有灰色粉被。雄蝇额宽约为头的1/4,额的中央有淡棕色粉被;雌蝇眼眶毛在2行以上,触角芒的上端有毛,下颚须橙黄色,但细而短。中胸盾片暗棕色,有灰色光泽,并有4条暗色纹;液瓣深棕色,边缘有黄色毛。腹部棕色,第3、4背板上有呈长条的斑,各条斑两侧有圆斑1个。成蝇刺吸牛、马、羊家畜血液,幼蛆生活在腐败物及家畜粪中,为亲畜性蝇类。分布于全国各省(区)。

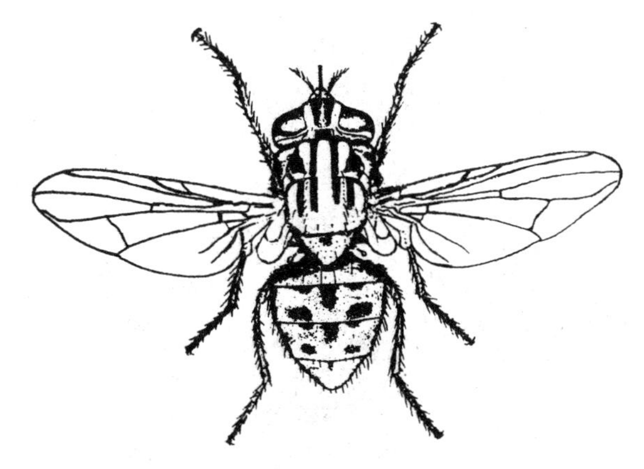

厩螫蝇成虫

眼红体绿的大头金蝇:身体长9毫米左右,暗蓝色有绿色光泽。雌蝇额的中段常为额宽的3倍,眼前方稍向内陷,头上毛大部分为黄色;液瓣带有棕色,边缘色更深;腹部两侧及第二腹节上的毛为黑色,2、3节的后缘颜色偏深。成蝇活动于人畜生活区,以7—10月最活跃,幼蛆取食腐败肉类、垃圾及粪便,分布于我国各省(区)。

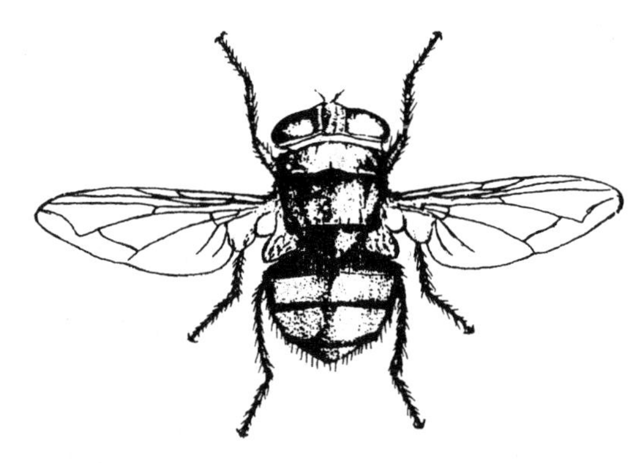

大头金蝇成虫

身被棋盘斑纹的黑尾黑麻蝇:身体长6~12毫米,灰色有绿色光泽,头部侧颜色为黑色或红褐色,侧额为黑色,粉被银灰色。触角第三节的长为第二节的1.5倍,额宽为头宽的1/3。胸背有3条深色纵纹,两侧线较中线稍粗;腹部背面具有黑色与白色相间的、可变色的棋盘形斑纹。为人畜居住区蝇类,幼蛆以人畜粪便、垃圾及市场污物为食。分布在我国各省(区)。

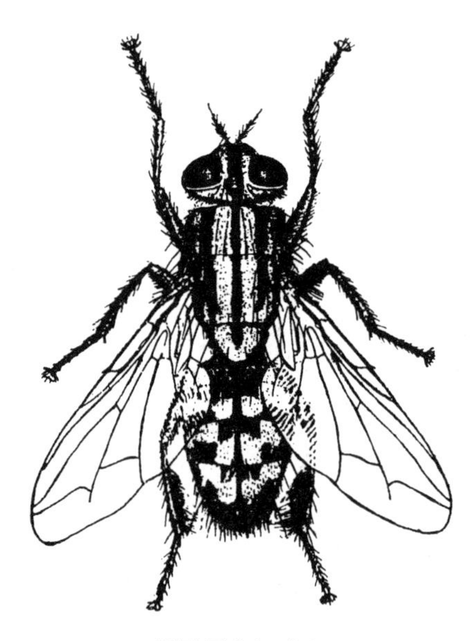

黑尾黑麻蝇成虫

蝇类益害任评说

带菌传病说：提起苍蝇来，总让人感到腻烦，因为它成为传播疾病的媒介，才落了个“过街老鼠，人人喊打”的臭名声。据研究1只苍蝇可携带的细菌一般为1700万个，有的竟多达5亿，因而成为开展爱国卫生运动的消灭对象之一。

目前已经证实蝇类能携带的病菌多达100余种，其中以伤寒、痢疾、肺炎、霍乱、肺结核、白喉和鼠疫等发病率最高。尚有原虫约30种，病毒20种，此外还可成为蠕虫卵及螨类的携带者。蝇类的传病方式多种多样，可分为：

（1）成蝇机械性传播　苍蝇的身体表面多毛，足上的爪垫又能分泌黏液，很容易附着大量病原体，又喜欢在人或家禽家畜的粪尿、痰及呕吐物、腐尸等处爬来转去并不停地觅食，而后又飞到人体、餐具及食物上停留，并有边吃、边吐（吐滴，是嗉囊返吐出含有多种酶的液体，用来溶解食物后，再舐吸入体内）、边拉粪的恶习，以及时常用足梳刷头和翅膀，抖动身体。通过上述过程，它们便成为人类疾病病原体的重要机械传播者。

（2）成蝇生物性传播　最明显的病例是由舌蝇传播的睡眠病。睡眠病是一种对人类造成严重危害的和高度致死的疾病，在非洲流行严重，仅1896—1906年的10年内，估计有数十万人死于此病。目前已知，人的本身即是唯一的有效贮存宿主，当人们受到已感染锥体虫的舌蝇叮咬后，便在创伤处形成一个锥虫性“下疳”（性病的一种）。此病的潜伏期为5~20天，但临床症状表现期较长，可延续几个月至几年。传播方法是先由刚羽化的成蝇在24~48小时内，如能获得感染性血餐，被吸入到的锥体虫便先在成蝇的中肠后部固着，然后变成细长的锥鞭毛体，而且大量增殖，并在20天左右移动到前胃，再到涎腺，发育成感染形锥形体。载有病体的成蝇便具有传染性，而且一次感染，终身保持传染源。雄雌成蝇又都能吸血，而且是通过刺叮进行传染。有些种舌蝇还可传播使家畜中的牛和猪致病的布氏锥体病、刚果锥体虫、活动锥体虫。

(3)以幼虫传播　统称蝇蛆病。蝇蛆症是指以蝇类幼虫对人和脊椎动物的活体侵害,这种侵害有阶段性的,也有长期性的,即蝇蛆在动物体内完成整个发育阶段,而且是以宿主的体内组织、液体或消化了的食物为食。一经感染可由无症状至严重危害致死亡的后果。这种传播有时是偶然性或特异性。①偶然性:一般是成蝇产在食物上的卵或幼虫,偶然随食物进入宿主的胃或肠道内,或蝇幼的上行性污染了尿道引起消化道或泌尿系统的蝇蛆症,有些还可在宿主体内发育一段时间。造成偶然蝇蛆症的蝇类可达50种以上,有报道常见的蝇类有家蝇、瘤胫厕蝇、厩腐蝇、丽蝇及麻蝇科的一些种类。②半特异性:是指蝇蛆以腐食或尸食性种类,在特殊条件下侵入人体或其他动物的组织器官中,而且适应了寄生方式。常见的蝇种有大头金蝇、丝光绿蝇、伏蝇科的一些种类。③特异性:有些蝇类的幼虫,完全营寄生性生活,而且不同蝇种有特定的宿主或寄生部位,成为专性蝇蛆症,如寄生在哺乳动物羊、马、驴等鼻咽腔内的狂蝇科的羊狂蝇,阔额鼻狂蝇和紫鼻狂蝇等。这些种狂蝇也可把一龄幼虫产于人的眼球表面的角膜里、睑结膜及结膜囊内,使人感到强烈刺痛。寄生于皮内或皮下组织的有皮蝇科的牛皮蝇和纹皮蝇,受害畜类为黄牛、牦牛、犏牛和水牛。感染率都在80%~100%,造成产乳量少,皮张千疮百孔,失去经济价值。

可作中药材说:用蝇蛆作为中药材,早在李时珍著《本草纲目》中已有记载:“蛆行趑趄,故谓之蛆。”北方中药铺中将蛆作为药材,名曰:“五谷虫”。药用部分为干燥后的幼虫。经分析主要物质为蛋白质、脂肪、甲壳质。含有多种蛋白分解酶、肠肽,胰蛋白酶,还有可分解脂肪和含有碳水化合物的酶。药理及应用范围为:能清热解毒、消积化滞,与其他药物配伍,主治热病表现的神昏谵语,小儿疳积病症。由软质酸和不饱和脂肪酸构成的蝇蛆油,可用来防治心血管病。

蝇蛆还可用来医治难以收口的骨髓炎,医生把无菌蝇幼放在伤口上,外罩纱笼,并在充足的阳光下照射,每5天换蛆1次,用它来噬食腐烂肌肉,促使新生组织生长。无菌蝇蛆所以能使骨髓炎伤口愈合，主要是由于蝇蛆取食后在伤口上排泄的尿囊素和尿素，此种物质可刺激新生组织快速生长。直至1935年有罗氏医生才在尿内提取出一种复合剂——尿囊素，用来代替蝇蛆治疗骨髓炎。

可用作食品说：过去如果说苍蝇可吃，很难想象，而且也难以接受。但是到科学发达的今天，不但知道苍蝇可吃，而且是上等保健食品。经过对苍蝇营养价值的详细研究认为，苍蝇含有丰富的蛋白质和纤维素。试验表明1千克蝇蛆可提取0.5千克纯蛋白质和氨基酸及几丁质，因而蝇蛆在食品领域魅力惊人。赖氨酸含量很高的蝇蛆氨基酸，可制作成十分理想的儿童益智产品。我国南方诸省，早以肉养蛆经洗净后炒食，称为“炒肉芽”。以幼蛆榨汁加入其他佐料、糕粉、制成八珍糕，据说清朝即有人尝过鲜，并认为味道好极了。把苍蝇变美味，这是科学的一大进步，凡是对人类生存有害因素，都有可能被逐渐变为有利因素。

十、异常虫情

1. 鼓楼"冒烟"

在北京城中轴线的北端，有座金碧辉煌的鼓楼，高十五丈，传说是修好故宫（紫禁城）后，总觉得后面有点空旷、没有着落，才修了这座在当时最高的建筑，作为吉祥的象征。

1950年9月上旬，鼓楼上发生了一桩"怪事"。每天傍晚，楼顶西侧那个锃光闪亮的黄色琉璃兽头上，冒起了一缕缕"青烟"，被风一吹，烟波缭绕，左摇右晃，时断时续，忽高忽低。开始被少数人看到，出于好奇，一传十，十传百，以至每当傍晚便有许多人来看热闹。鼓楼四周的大街小巷，人山人海，商业停顿，交通堵塞，公安部门曾派出大批干警，维持秩序都无济于事。仰望鼓楼兽头，确是像一股烟雾，可是十多天过去了，鼓楼并没有被焚烧，这就引起不明真相的群众疑神疑鬼的迷信起来了。有些别有用心的道会门，便乘机造谣惑众，说什么"鼓楼冒烟要变天"等等，一时谣言四起，妖风难息，使社会治安及交通秩序受到影响。

为解开"鼓楼冒烟"之谜，在公安部及市委的组织领导下，中国科学院昆虫研究室朱弘复、刘友樵及作者等几位同志被邀派去调查"鼓楼冒烟"真相。经过用望远镜观察，以及本着调查研究的求实精神，也曾对鼓楼附近较高些的建筑，以及周围环境进行了调查，确认不是什么"烟"，而是一种小虫在飞舞。虽向围观群众百般解释,仍收效不大。在市委的组织下,只好请架子工师傅们自二楼西侧窗口伸出杉槁,搭起个直达楼顶外沿的脚手架。

1950年9月12日傍晚7时,正是楼顶“烟雾”最盛时,我便脚穿爬山靴,腰扎皮带,身背采集袋,内装“擒妖瓶”,手拿“捕妖网”,一切准备就绪要登楼捉“妖”去了。就在此时,一位“好心”的小脚老太婆,抚耳“劝告”说:“孩子,可别去干这傻事,那是神鬼显灵”。经给予反驳后,登梯上楼去了。

远看兽脊头很小,当爬上楼脊时,竟然直立伸开双臂也摸不着兽头顶,却已清楚地看到似烟飘舞的是无数小小蚊虫。网柄短、捕不到,急中生智,慢慢移到楼脊中间的龙体部位,脚登半侧龙爪,骑着楼脊,向有飞虫的兽头移去。此时向下瞭望,人山人海中还夹杂着掉下来就摔死的威胁声。到达兽头伸手挥了一下,已是半大网兜,扎紧网口,掖在背后腰带上,冒险滑下脊头,身体伏爬在锃光的琉璃瓦上,用爬山靴底紧卡住瓦垅,徐徐倒退至脚手架旁,心情才平静下来,真有“上楼容易下楼难”的体会。

下得楼来,无数群众围观,并将“小妖”装瓶展览。真相大白,一场“鼓楼冒烟”风波才平静下来。说来可笑,我倒成了一时的捉“妖”人。1950年9月20日,《人民日报》第三版曾以鼓楼真的“冒烟”吗?为题作了报道。

1978年8月18日,《北京日报》第五版,跟随罗总工作多年的战友曾以“人民热爱、敌人惧怕的伟大战士,悼念我们的好局长罗瑞卿同志”为题报道:当时北京的阶级敌人,大肆造摇蛊惑人心,胡说:“鼓楼冒烟了”“要变天了”,致使不明真相的群众惶恐不安,罗瑞卿同志看到简报后,马上叫身边的同志到现场了解,并在市委领导下,组织力量,登城调查,所谓“冒烟”现象不过是上下乱飞的蚊虫,当即用事实驳斥了谣言,教育了群众,打击了敌人……”。

鼓楼上“兴风作浪的怪物”,原来是一种叫做摇蚊的昆虫。它们的幼虫喜在污秽的浅水中生活,幼虫老熟后即在水边的污泥中化蛹,然后羽化为成虫,进行两性交配产生后代。因为它们的交配方式离奇,先要举行“灯火辉煌”的交际舞会,在跳舞中情投意合的才进行婚配,且摇蚊有趋向黄色的习性。那么它们为什么选择在鼓楼顶上的西侧兽头上方“跳舞”呢？原来新中国成立不久的人民政府，为清理北京市城区各水系多年来积下的污泥秽水，为人民创造美好的生活环境，公安部队发扬优良传统，首当其冲，承担了任务最重，距离鼓楼最近的什刹海挖泥疏浚工作。经排水后，仅存有很浅的污泥秽水，这种环境，正好成为摇蚊大量繁殖的适宜场所，于是大量摇蚊羽化。每当傍晚西斜的骄阳照射到什刹海附近居高于其他建筑物的鼓楼顶上，那金碧辉煌闪光发亮的黄色琉璃瓦，及其兽头上反射出来的耀眼光芒，为有向光聚会举行婚舞习性的摇蚊提供了理想的舞场。

事后经过调查，在那段时间内，不仅鼓楼有“冒烟”现象，凡是距护城河及大面积污水塘近的，傍晚阳光可照射到的，各个有黄色琉璃瓦的城楼建筑，都有摇蚊聚会飞舞，不过只是数量少，不惹人注意罢了。

忆往事，深感到昆虫工作者还是有用武之地，解决“鼓楼冒烟”问题，也算为人民做了点有益的贡献吧！

38 年过去了，如今城区变化万千，高楼林立，柳绿花红伴通途，湖海青波荡轻舟。随着时代的变迁，“群妖乱舞”的现象一去不复返了。

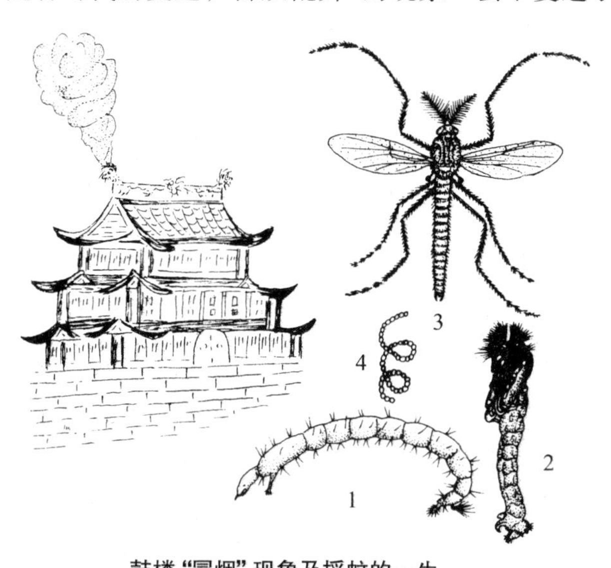

鼓楼“冒烟”现象及摇蚊的一生

1.幼虫　2.蛹　3.成虫　4.卵条

2. 冰雪上的疑案

当一个人患了偶发性失眠症,现代医学上称为“人体生物钟节律失调”。各种昆虫都有着各自的既定生活环境,在这种既定环境中,一年之中的发生季节、世代、龄期、所吃食物,都不会发生骤然变化。这种不违反正常规律的发生发展情况,被称为“正常虫情”。如果违背了自然界的客观发展规律,生物学习性发生了明显变化,种群分布和生活环境出现异常,则称为“异常虫情”。

在科学落后、封建迷信盛行的旧社会,人们在贫困生活中挣扎时,会说出“叫天天不应,叫地地不灵”,用来表示无可奈何,只有烧香叩头,求神保佑了。一旦遇有异常虫情出现,便认为天地之意“鬼使神差”。

(1)草原“异情”:1965 年 3 月,在那“天苍苍,野茫茫,白雪枯草铺满疆”的内蒙古锡林浩特草原上,发生了一件惊动高层领导及有国际影响不为人知的“虫情事故”。

3 月时节,北方的寒气尚未消失,内蒙古草原还在白雪覆盖下。勤劳剽悍的牧民在逐赶着羊群,沿达里诺尔河放牧,忽然发现河两岸的初融化冰面,踏头(沼泽地上突出来的草丛)上,有大量的蝇、蚊在活动,并有不少跳蚤尸体散布在冰面上。出于边境牧民的警惕性,便将这一情况逐级电话汇报,自治区卫生厅接到报告后,即派人前往调查,在百里河床范围内,虫子种类之多,数量之大,实属罕见。

在未经科学考证与认真分析的情况下,仅凭借抗美援朝反细菌战经验,主观认为属“异常虫情”敌人所为。未经上报中央,便擅自调动大量军队,检疫人员及运输车辆进行“捕灭”。边境被封锁,牲畜被转移,大面积牧草开始焚烧,一片惊慌失措情景。当事态发展到无法控制时,才想到向中央报告,并请求调派飞机助战(喷药灭虫)。

(2)事关重大:当周总理得知报告后认为情况严重,必须急速调派有关人员前往，要求以科学态度，迅速查明原因，尽快得出“是内在还是外来”结论。

1965年3月15日，上午10时，笔者正在接受一年一度的义务劳动——帮厨。所办打来电话，急速回办公室，有紧急任务商榷。办公室只有主任和另外一位同志在焦急地等待，主任传达国防科工委命令，“速赶到军用机场，去向、任务不明，到机场后带队人再作交代。”于是马上准备，11时按时上车。时间多么紧迫，短暂的时间，心情忐忑不安，不但没有回家告诉一声的机会，准备什么，怎样准备，到底是什么任务，无从想起，更无从做起。只有简单地带上平时野外考察的必备工具，准时出发了。汽车高速奔驶在京唐公路上。12 时按规定登上飞机。机上只有带队参谋及军事医学科学院两位同志。参谋一言不发，询问的结果是“无可奉告”——多么严格的保密制度。寂静、寂静得使人难以忍受。一直等到领航员关闭舱门，机长才发布命令，直飞内蒙古锡林浩特。稍事休息、用餐，转乘军用吉普，星夜兼程，急不择途，一路颠簸，此时才真正尝到了“翻肠倒肚”的滋味。好不容易抵达目的地，名为公社驻地，却是只有十几间土坯房的院落，周围交错地竖立着几顶牧民帐篷。下得车来，眼前已是岗哨林立，军车战马成排，身穿白色服装的防疫人员穿梭往来，完全处于大军压境的临战状态。

(3)时间就是胜利：军情紧急，来不及休息。听完汇报，制定工作方案，以命令形式向有关单位下达4项任务：空军有关单位查明近半月来有无空情；边防军及当地公安部门查明近期有无敌情；卫生检疫部门查明锡盟周围有无疫情；气象部门查明锡盟地区近5年来同期温、湿度、降雨量及特殊气候变化情况。

任务已经下达，但身负重托的责任心，以及临时架起的电台传达各项命令的滴答声的嘈杂，使人夜不能成眠，眼望草原在燃烧，战士在喷药，在没有结论之前怎能盲目制止。北京派来的几位同志深知责任重大，连夜讨论下步工作方案，并将方案电传北京，请求指示。

16日凌晨，以时间就是胜利的责任心，每人带上几块马油煎饼，兵分几路乘车前往现场，走访证人，采集实物，并选择假定是正常虫情的临近盟旗，作虫情及类似种类的对照调查取证。一直紧张工作到繁星高悬，才回到驻地。

谣言惑众：就在这事态发展的同时，谣传随之而来。什么多年死去的姑娘又复活了；有人走夜路时前面总有盏小灯在引路，人走灯走，人停灯停；西边山角发现死尸，公安人员赶到后，死人不见了，只在地下留下个人影等等。而且总说是与冰雪上的虫子有关。

时间在流逝，人心惶惶不安，有的牧民在外迁。事态在向着不利的方面发展。一天，两天过去了，时间，多么宝贵的时间！时间在鞭策着每个工作人员，更牵动着千里之外日夜等待结论的周总理的心。每天总理都在通过电传询问情况，下达指示，并说主席在关心着你们的工作，要"慎重"处理。这意味深长的传话，我们深知内容的份量。

（4）一字千金：就在这急熬人心的两天之内，汇集了各地送来的有关资料，鉴别了收集到的昆虫种类，分析了现场调查结果及见证人的谈话记录。经过多次开会研究，虽然已"胸有成竹"，但电话中的"慎重"二字，时刻在脑海中迂回。再次反复核对材料，细心分析，步步落实。18日晚，总理来电，责令要于今晚答复结果，时间不能再拖，国外对此事已有反应。经过再次研究，终于在回电稿上签署了"内因之故并非外来"8个千斤重的大字。回电后的答复是，你们辛苦了，主席和我放心了。请代表中央下达疏散军队命令，并责成地方妥善处理以后事宜的指示。

（5）论证报告的结论：①根据汇集各有关方面送来的责任材料，2月至3月中旬，无异常空情；无异常敌情；无反常疫情。②经鉴定所谓构成此次属于"异常虫情"的昆虫种类，均系国内常见分布种类，经与临近对照区所获昆虫种类对比无异；经过虫体分离培养，无携带对人畜有害的任何病菌个体。③所谓"异常昆虫"分布区，仅限于达里诺尔河冰雪融水涉及范围，长百千米，宽1千米，且随河流弯度较均匀分布，这种分布情况是当代任何机械不能做到的。④2月中下旬,达里诺尔地区平均气温较历年同期高5~10℃,是造成此次昆虫提前苏醒的主要因子。

造成此次“异常虫情”的主要原因,是气候因子所至。达里诺河源头,属于硫化矿物质水系,水温可达30℃以上。当草原寒冬最初袭来时,下游浅水沼泽地带即开始结冰,此时的越冬昆虫多集中河流两岸的草丛,以及沼泽地内的踏头中,随着气温逐渐下降,冰层不断加厚,潜流河水受到上面冰层的压力,即不断溢出冰面,加大了河床宽度和结冰范围。当大地被白雪覆盖后,隐藏于草丛及踏头内的昆虫,得到了免于被冻死的天然保护。

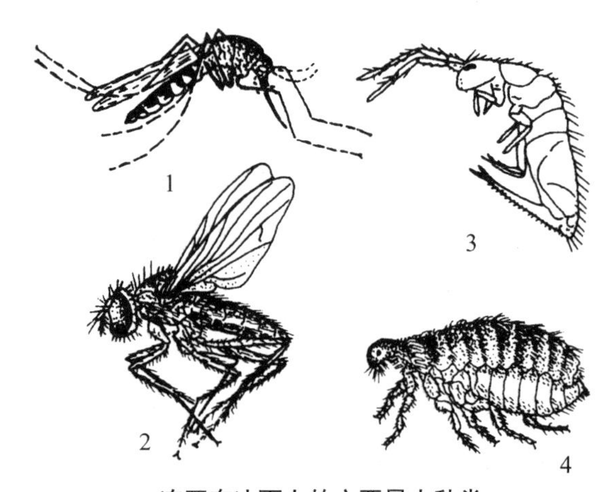

冻死在冰面上的主要昆虫种类

1.蚊虫　2.蝇类　3.跳虫　4.跳蚤

早春昼间温度偏高,浅层冰雪提前溶解,隐于草丛及踏头内的昆虫也随着开始活动,但气温并未达到适宜迁飞扩散程度,且日夜温差变化较大,因而昆虫的扩散范围受到抑制,并且有部分没再回到隐蔽处的昆虫,特别是提早活动的蝇、蚊便被冻死在冰面上。融化的冰水灌注到河两岸较低部位的鼠洞中后,在洞中寄居生存的跳蚤被迫爬出洞中,冻死于鼠洞附近的冰面上,因而便形成了多种昆虫异常表现的假象。

(6)尊重科学实事求是:论证报告及分析材料虽已成文,但事情并未到此罢休。虽然已经造成人力物力大量损失及严重的政治影响后果，并没有扼制住违背科学，主观盲目，妄自尊大的官僚主义作风，竟有人在“慎重处理”4字上大做文章（其实是害怕承担如此重大责任和看不起北京来的几个年轻科学工作者），请带队参谋要求中央调派老专家进行复查。

为照顾政治影响及民族政策，中央又组织了在北京的昆虫分类学、生态学、医学昆虫学、药剂毒理学专家教授10余人，乘坐专机前往。经过专家组两天的现场考察，证人座谈，听取前阶段工作总结汇报及论证结果，肯定了处理方法与结论是正确的。一场求实与虚伪的争论才算暂时平息。

通过上述事例，可以说明“科学的问题来不得半点虚假”。爱科学、学科学、用科学，实事求是地对待自然科学、正确的认识自然客观发展规律，掌握科学基础知识，才能为祖国建设作出贡献。

3. 谣言惑众未成灾

臭椿树的故有名称叫樗树，是一种耐寒、耐碱、抗风、遮阴密度大、防污染的速生树种，而且根及茎皮可做中药材，因而近年来栽植面积逐年增加。然而这种优良树种，竟在短时间内因有些人愚昧无知和谣言惑众遭到无辜砍杀。

1996年8—9月间，河北、天津及北京郊区的一些村庄，刮来一阵捕风捉影的邪说，说什么臭椿树上的毛虫能蜇人，碰上就浑身发痒，接触就会周身溃烂，更有人说是国外传进来的毒虫，还带有让人得病的病菌，弄不好会死人。致使人们毛骨悚然，惊慌失措，于是，砍树烧叶灭虫之势不可阻挡，仅几天内数千棵臭椿树便毁于一旦。砍烧，烧砍！破坏了绿化环境，增加了污染，这种愚昧令人震惊。

臭椿树上发生的这种毛虫，真名实姓叫做樗蚕。樗蚕名称的来源，是因为这种昆虫的幼虫（上面所称的毛毛虫），喜食臭椿树的叶子，长相又似蚕，而且幼虫身上那些肉质状的刺，在受到惊扰时，还能挥发出一种怪味，也许是怪味相投，又因椿树的故名称樗，才来个树名加虫像，称为樗蚕。经临场解释，谣言终于消除。

樗蚕在我国已是历史悠久的老住户了，早在故宫博物院中收藏的宋人画册中，以《清风巨蝶图》出现（注：为蛾）。后在山东、江苏一代曾由人工驯养为家养，曾经兴盛一时，后被意、美、法等国作为产丝昆虫引种。1924年曾有樗蚕在浙江大发生的记载。樗蚕在我国不但历史悠久，而且分布很广，除西北有些省（区）未查清外，几乎遍布全国。樗蚕除取食臭椿树外，也危害樟树、乌桕、梧桐、冬青、含笑等树叶，也可称为间接危害人类的林木害虫，但至今尚未发现樗蚕有对人们直接危害情况，更谈不上经接触后有皮肤瘙痒、溃烂等莫须有的奇谈怪论。

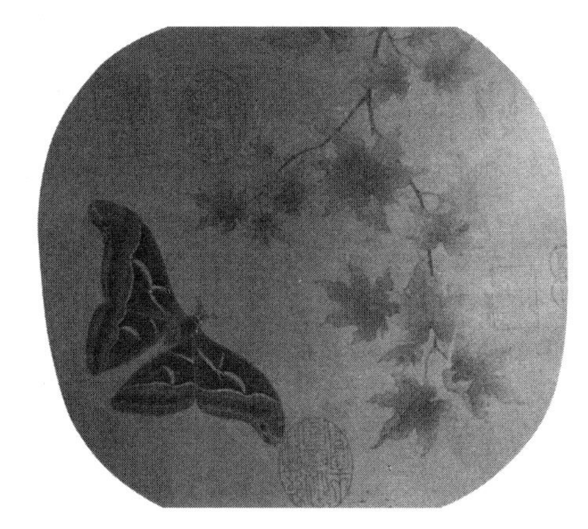

故宫博物院中收藏的（清风巨蝶图）注：实为樗蚕

樗蚕幼虫身体绿色，长成后有5~6厘米长，体外披有白色蜡质粉状物。身体各节上有肉质刺3对，胸足及腹足上方有黑色斑点。幼虫老熟后即在枝条上吐丝结茧，茧的样子像旧式的织布梭，两头细，中间粗，一头有与树枝牵连着的茧柄。幼虫在茧中化成纺锤形的蛹，蛹的外壳棕褐色，透明状，在蛹壳外即可看见将来变作成蛾时的相貌，只不过是触角、足及翅没有伸展开来。

樗蚕在北方1年可发生2代，全幼虫期就有27天左右。幼虫有较强的爬迁能力，这是因为它身体下面有那些带钩（趾钩）的足。幼龄时喜欢过群体生活，往往几十只在一个羽叶上生活，到身体长大，叶片已承受不住它们的重量时，便爬迁到枝干上取食。

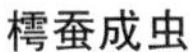

樗蚕成虫

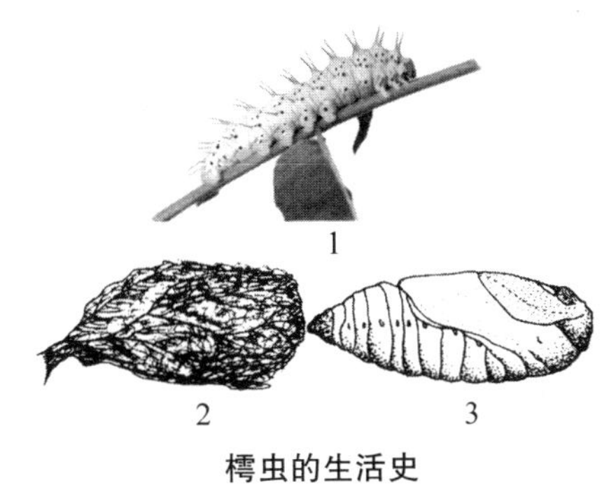

樗虫的生活史

1.樗蚕幼虫　2.茧　3.蛹

近几年樗蚕的数量确实有些偏多，主要原因是：随着人们绿化意识的加强，臭椿树的种植面积逐年扩大，为樗蚕的生长发育提供了充足的优质食源；近几年5—6月份的平均温度较以前偏高，对越冬蛹的羽化提供了有利条件，7月份雨水较多，为二代卵的孵化增加了甘露；雨季来临早，狂风暴雨天气多，对控制樗蚕发生的天敌造成毁灭性打击。

4. 眶甲竟被称“龙驹”

事有凑巧，就在同一种臭椿树上，也曾有因封建迷信而诱发的另一种谣言惑众的故事。

1970年，在北京怀柔县驻点时，闻传庙城公社发生了一件怪事。三月三（阴历）关帝庙前举行一年一度的盛会时，由于进香人多，许多香客就在庙外堆土为炉，进香叩头。在堆土过程中有人发现，土中有不少颜色像火烧过的煤渣，尖嘴猴腮，驼腰抱腿的物件，捡到手中不久便伸开长腿急速爬行，掉到地上有的又钻到土中，有的就装死不动。有个巫婆看到后，认为骗取钱财的机会已到，便造谣惑众说：这是关老爷的“火龙驹”显圣，嫌庙宇太小，善男信女无法进庙朝见圣面。一面要人们捡失“龙驹马”放回庙中香案，同时口中念出要人们掏钱修庙的咒语，一时敛钱修庙的不正之风盛起。村干部将此事反映到县，农林局一位同志邀笔者去看看。来到庙前，让群众拿来“神驹”。不看则罢，一看真有点“啼笑皆非”，这哪里是什么“龙驹马”，明明是臭椿树上一种叫做沟眶象甲的昆虫。抬头上望，庙后面一株刚冒芽的大臭椿树，有些枝干已伸到庙顶之上。于是找来几个村民，一同去庙后的树干及根部的土缝中去捉“龙驹”。果然捉来不少，有的还大背小的正配对哩（雄小雌大）。有的农民取笑说“龙驹”也会配对，还有个小伙子气愤之下拿着沟眶象甲去找巫婆，也要她与“龙驹”配对。

沟眶象甲，在昆虫分类中属于鞘翅目、象虫科，俗名椿大象鼻虫，又名赖皮象。从两个俗名中就能猜想到这种昆虫的专利食品是臭椿树，其他树木一律不沾边。沟眶象的身上不长毛，也不生刺，而是靠着满身的疙瘩和隆

小沟眶象成虫在臭椿树枝干上交配

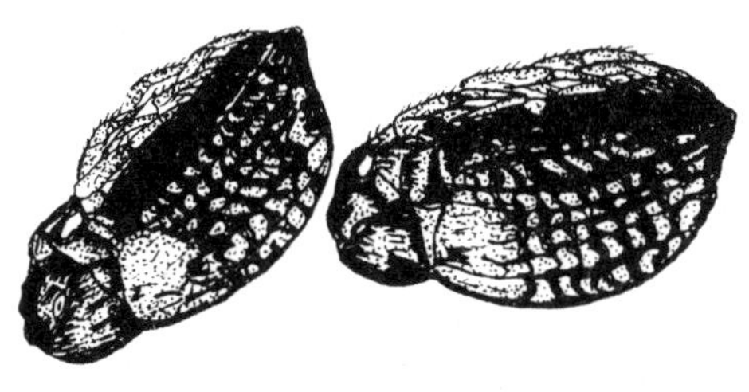

装死躺下的沟眶象甲成虫

起的龟形皱褶纹来隐蔽自己，逃脱天敌的侵害，再加上它有能装死要赖谋求生存的本领，真可谓臭味树上生赖虫不谋而合。

沟眶象虫一生一代，以幼虫在树干的蛀洞中过冬，幼虫身体乳白色，各体节上有很多皱纹，弯腰驼背，显着“老态龙钟”，3月间变成不食

不动，像个泥塑像的蛹，不久即羽化为成虫，爬出蛀洞，寻找初生嫩芽，饱餐一顿，用来补充化蛹和变作成虫过程中损失的营养。以后便在树干上爬转，寻找异性交配。经过受精的雌成虫，选择2~3年生的较嫩枝条，用象鼻形的锥状嘴将韧皮咬成小洞，回转身来，把卵产在洞中，怕卵因风吹树摇再掉出来，还会再分泌些黏液，将洞口堵塞。经过10余天的卵期，幼虫孵化后，先啃食皮层，随着虫体长大，牙齿变硬，再蛀入木质部危害。如此反复，世代相传，保持此种昆虫的持续性发生发展。

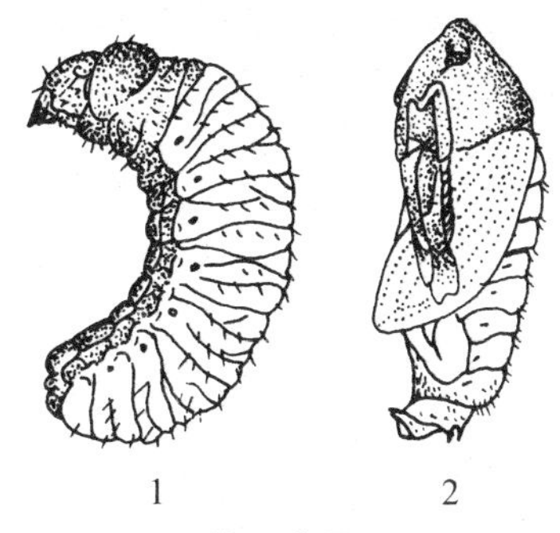

沟眶象甲

1.幼虫　2.蛹

沟眶象（大眶象）成虫在爬行

通过上面事例说明，当一种自然现象尚未被认识前，千万不能偏听偏信，更不接受误导，而是问个为什么；或找有关单位访问咨询，弄清真相，揭露迷信，铲除邪恶。

5.“鬼”打更

这是笔者亲自经历的一件趣事。事情发生在20世纪50年代。有一次出差到外地，住在农村老乡家里，晚上盘腿坐在炕头上，边嗑着葵花子边聊天。房东老大爷说起了这样一件事：在村西头那块二亩见方的高台阶上，很早以前是座庙，香火曾旺盛一时。由于年久失修，庙宇倒塌，荒草丛生，成为孩子们捉蛐蛐逮蚂蚱的好去处。有户村民，也没跟村里老少爷们儿商量，就在庙台上清理出地基，盖起了三间北房。说来也巧，盖房时有一木匠不小心，从房梁上掉了下来，把腿摔断了。房主觉得很不吉利，便烧香放炮，求神保佑。村里的人们也纷纷议论：“侵占了庙产，这是庙里小鬼在显灵，把人从房梁上推下来了。”

新房盖好不久，白天尚还平静，每当夕阳西下，房内的顶棚上却常常传出“梆梆”的敲击声。于是风言风语传遍了全村，而且总是与“鬼”联系起来，说这种声音是“鬼”打更。

新房虽早已盖好，但房主始终不敢搬进去住，从此房门上锁，无人问津。只有爱凑热闹的孩子们，常老远地围着房子转悠，总想看到点什么稀罕玩意儿。

为了揭开这“鬼”打更的奥秘，第二天笔者便让房子的主人打开门锁，到房内看个究竟。踏进门槛，房内空空，霉气味扑鼻而来。再仔细观察，那新砌成的土坯炕上、地面上，有不少显眼的白色木屑。抬头看看房顶上，一根根带有树皮的梁、檩上，粘连垂挂着不少木屑，上面还布满密密麻麻钉子眼大小的洞。

经过现场调查，凭笔者的经验，已知道其中的原因。为了向群众解释这神秘传说的原因，笔者邀请了一位自称胆大的青年人，一同搬着铺盖住进新房，亲耳倾听了“鬼”打更的声音。原来这好似敲梆的击木声是一种昆虫发出的。天亮后让房主请来几位乡亲，搬来梯子，拿来砍刀，笔者便当众捉“鬼”了。登上梯子，找到有蛀孔的地方，剥开房梁上的树皮，用刀砍破木质部，一条条体白肥胖的天牛（属鞘翅目，天牛科）幼虫便掉落下来。

“鬼”被捉到了，迷信破除了。没过几天，房主全家欢天喜地燃放鞭炮，乔迁新居。一时科学能捉“鬼”的消息传遍全村，成为佳话。

天牛幼虫是怎样钻进新房梁木内的？夜间声音是从何处发出来的？这还要从天牛的生活习性说起。天牛成虫经过雄雌交配后，雄的便相继死亡，雌虫到处飞翔，专门选择长势衰退或砍伐不久的木材，用锥子状的产卵管，把卵产在树皮下接近木质部的地方。经过卵期，孵化出一头头像江米粒大小的幼虫，幼虫便以木质为食，一边用头上的牙齿啃食，一边往里钻，把木材蛀成一条条隧道。起初幼虫小，吃得也少，啃下来的细木屑和排出来的粪便，可以从成虫产卵时遗留下的像钉子眼大小的洞中掉出来。

幼虫逐渐长大，啃下来的木屑也粗了，排泄的粪也多了，隧道和身体四周几乎全被塞满。这时天牛幼虫就靠胸部肌肉的猛烈收缩，牵动前胸背板上那块几丁质较强的“硬疤”，在夜深人静时撞击洞壁，身体四周的碎木屑受到震动，便向下沉落，这样，幼虫便又能自由地蠕动身体向前蛀食了。

幼虫在夜晚撞击干硬木材的微小清脆声与空旷的房屋四壁产生共振作用，使音响加大，如敲梆子声。除此之外，据说幼虫撞击洞壁发出声响，也是在向同类打“无线电话”。

有经验的木匠在盖房前，先把砍伐倒的树木剥皮后放置一段时间，或用暗火熏烤后使用，也可带皮投入水中浸泡一段时间，捞出晾干后使用。这样可以破坏天牛的产卵环境，即使已经有虫蛀入木材木质部，也可收到治虫的效果。

6. 草原“神火”

初秋的内蒙古草原，像一望无际的金黄色海洋，轻风拂过，千里金波荡漾。远望牛羊成群，骏马奔驰，好一派“风吹草低见牛羊”的塞外景象，此时草原上最为禁忌的莫过于“火灾”了。

1966 年 9 月，在锡林浩特某军马场高高耸立的防火指挥部瞭望塔上，值勤战士警惕地用望远镜巡视着，捕捉着草场上每个可疑点，就是一只瞬间闪过的野兔，也难以逃脱他们那锐利的眼睛。

下午 4 时左右，指挥部的警铃急促地鸣叫起来。值勤战士报告，距场约 40 千米的西北方向，发现似有烟雾，请求快速派人侦察。侦察员们骑着战马出发了。车出库，人着装，一切消防工具准备齐全，全体官兵进入待命出发的临战状态。

不久，战马如洗，挥汗如雨的侦察员返回报告，指定方向未见烟雾，更无火情。瞭望塔上的千里眼继续搜索着,不久发现东北方向又有似烟非烟,似雾非雾的现象出现。指挥部命令,战骑、车队同时出发,进行围剿。行程过半,见到一团团"烟雾",随风飘荡,但临近现场,全然不见。举目四望,不远处又有好似烟团在飘游,驱动战马追去,又不见烟火踪影,弄得一时真假莫测。

夜幕降临,只好收兵,倍加警惕,密切注意事态的发展。当地牧民认为是草原上的"火神"要"显圣"了。

第二天又是同样时间,瞭望塔观察到在距场部约30千米的牧场隔离林带处有与昨日相同现象。又是一番追逐,全无"烟雾"火情。一连三五日,只要是天空晴朗,风吹草动树梢摇,便会见到此种怪现象。是雾吗?气候很干旱;是烟吗?并无火情。经过仔细搜查,发现在地面草根附近,以及受尽寒风摧残生长矮小的杨树林的枝干上,布满了白茫茫带有闪光翅膀的小虫,莫非是它们在作祟?

一封加急电报传到农业部农牧局。事不宜迟,立即组织科研单位赴现场考察。由三五人组成的小分队星夜起程,赶赴现场。听完汇报后,他们深入杨林丛中,仰卧在软绵绵的草地上闭目思索,静待"烟雾"出现。

初秋季节,草原的骄阳直射在身上还有点火辣辣的。但移身树阴下,又倍感凉爽。

午后4时许,见有飞虫展翅舞动,起初三五成群追逐嬉戏,不久即结团高飞,那薄薄的翅膀在阳光照射下,发出银灰色的闪光,虫量愈聚愈多,竟宽约数十米,高达数丈,随风飘摇,忽高忽低,时左时右。向高空旋转时,似缕缕炊烟;受气流压低时,又似火情初起时的滚滚灰烟。

真相已显露眼前,原来这草原"神火"是一种叫做绵蚜(属于同翅目,绵蚜科)的小小飞虫玩出的"鬼"把戏。

绵蚜行孤雌生殖,以禾本科牧草为食,尤其在裸露的根茎上密度最大。缺雨干旱年份最适合它们生长发育。绵蚜生儿育女的本领很强,一年就能繁殖数十代。到初秋时节,已是儿孙满堂。拨开草丛,可见根茎部密密麻麻地带有绵状蜡丝的虫体数不胜数。此时正是产生有翅雌蚜的大好时机,于是无数有翅雌蚜展翅飞翔，寻找产生雄、雌有性蚜的宿主——白杨树，以便进行两性交配，产下过冬卵粒，为来年传种接代。

绵蚜为什么要成群结队，而且偏要在午后飞舞呢？首先这是季节性变化传递的信号。禾本科牧草已抽穗结实，茎叶由绿逐渐变黄，体内营养及水分明显衰退，促使绵蚜为谋求生存而转换乔木寄主。其次是气温开始下降，绵蚜预感到严寒季节将要来临，需要产下能度过冬季的卵粒，所以开始集体迁移。

初迁时是小群结伙飞舞，进入迁飞盛期则集聚成团。午后斜射的阳光照在闪闪发光的灰蓝色翅膀上，又反射到其他蚜虫的视野范围内，就成为招集绵蚜群集飞舞的“无声信号”，从而才形成万虫飞舞，随风飘游，如烟似雾的草原“神火”景观。

绵蚜虫的这种群体迁移现象，为什么会被看成“烟雾”呢？这是由于人们从远处向纵深观望，无数飞虫重重叠叠，映入视野中的朦胧闪光，很像是“烟雾”。当你接近虫群时，那一个个渺小的虫体不足毫米，星星点点，布满在视野的宽阔空间，闪光点分散，“烟雾”就消失了。

草原“神火”景象及绵蚜形状

1. 无翅蚜　2. 有翅迁飞蚜

绵蚜虫成群迁飞而映现出的“烟雾”现象，在陕北榆林地区也发生过。那里绵蚜虫数量之多，不但散落在地上背风处的厚度达6～7厘米，就连放牧在草场上的黑毛羊身上也因被绵蚜覆盖而使黑羊变为白羊。牧民的帐篷顶上及其周围，一片白茫茫，酷似下了一场阳光普照下的“九月雪”。随着科学事业的发展，人们对自然界的认识越来越清楚，“神火”早已熄灭，而且再不会点燃了。

以上几例，都是本书作者在不同时间，不同地点亲身经历记述的。

（注：异常虫情是指：有些种昆虫在发生发展过程中，受到某种生态环境或气候变化的影响，出现了违背客观规律表现出来的反常现象，称为异常虫情。这些反常现象的出现，如处在群众缺乏对昆虫发生规律认识并未经科学验证、解释之前、常被别有用心的懒汉、巫婆、反动道会门及邪教组织所利用，以求神保佑为诱饵，愚弄群众、暴敛钱财、甚至聚众闹事、造谣惑众，严重影响生产和社会安定。因此，要提高警惕，破除迷信，相信科学，做好普及科学知识宣传工作，才能战胜邪恶，共建和谐社会。）